云南名特药材种植技术丛书

黄精

Huangjing

《云南名特药材种植技术丛书》编委会 编

YNK 云南科技出版社
·昆 明·

图书在版编目（CIP）数据

黄精 /《云南名特药材种植技术丛书》编委会编
.-- 昆明：云南科技出版社, 2020.9（2025.1重印）
（云南名特药材种植技术丛书）
ISBN 978-7-5587-2978-2

Ⅰ.①黄… Ⅱ.①云… Ⅲ.①黄精－栽培技术 Ⅳ.
①S567.21

中国版本图书馆CIP数据核字(2020)第178494号

黄　精
《云南名特药材种植技术丛书》编委会　编

责任编辑：唐坤红
　　　　　洪丽春
助理编辑：曾　芫
　　　　　张　朝
封面设计：余仲勋
责任校对：秦永红
责任印制：蒋丽芬

书　　号：ISBN 978-7-5587-2978-2
印　　刷：云南灵彩印务包装有限公司
开　　本：889mm × 1194mm　1/32
印　　张：2.875
字　　数：73千字
版　　次：2020年9月第1版
印　　次：2025年1月第9次印刷
定　　价：18.00元

出版发行：云南科技出版社
地　　址：昆明市环城西路609号
电　　话：0871-64114090

《云南名特药材种植技术丛书》编委会

顾　问　朱兆云　金　航　杨生超

　　　　郭元靖

主　编　赵　仁　张金渝

编　委（按姓氏笔画排序）

　　　　牛云壮　文国松　苏　豹

　　　　陈军文　张金渝　赵　仁

　　　　杨明英　谭文红　彭慧娉

本册编者　赵　仁　提　布　山学祥

　　　　　郭云江　胡学礼　杨　蕾

　　　　　张学莉　杨利民　史可成

序

彩云之南自然环境多样，地理气候独特，孕育着丰富多样的天然药物资源，“药材之乡”的美誉享誉国内外。

云药资源优势转变为产业优势的发展特色突出，亦带动了生物产业的不断壮大。当下，野生药用资源日渐紧缺，采用人工繁育种植方式来满足医疗保健及产业可持续发展是大势所趋。丛书选择了天麻、灯盏细辛、当归、石斛、木香、秦艽、续断等云南名特药材及因目前野生资源紧缺，市场需求较大的常用品种，以种植技术和优质种源为重点内容加以介绍，汇集种植生产第一线药农的实践经验、病虫害防治方法等，凝聚了科研人员的研究成果。云南中医药学会名特药材种植专业委员会编辑成的该套丛书，该书采用浅显的语言进行论述，通俗易懂，对于云南中药材规范化、规模化种植具有一定指导意义，为提高山区少数民族群众收入、改善山岗区少数民族群众生活提供了一条重要的技术途径。愿本套丛书能够对推动我省中药种植生产事业发展有所收益，此序。

云南中医药学会名特药材种植专业委员会

名誉会长

前　言

打造绿色经济强省，生物资源是支撑。保持资源的可持续发展是生态文明建设的前瞻性工作。云南省委、省政府历来高度重视生物医药发展，将生物医药产业作为云南特色支柱产业来重点发展。中药材种植是生物医药产业发展的源头，有言道："好山好水出好药""药材好，药才好"……因地制宜，严格按照国家有关法规和科学技术指导规范种植，方能产出优质药材。基于云南生物资源开发现状考量，云南省中医药学会名特药材种植专业委员会汇集了云南药物研究所、云南农业科学院药用植物研究所、云南中医学院、云南农业大学等单位的专家学者，整理并撰写了目前在云南省中药材种植生产中有一定基础与规模的20个品种中药材的种植技术，编辑出版本丛书，较大程度地适应了各地中药材种植发展的迫切需要。

云南地处北纬21°～29°，纬度较低，北回归线从南部通过，全年接受太阳辐射，光热多，热量丰富；加之北高南低的地势，南部地区气温高、积温多，北部地区气温低、积温少；南北走向的山脉河谷，有利于南方湿热气流的深入，使南方热带动植物沿河谷北上。北部山脉又阻挡了西伯利亚寒冷气流的侵袭，北方的寒温带动植物沿山脊南下伸展。东面湿热地区的动植物又沿金沙江河谷和贵州高原进入，造成河谷地区炎热、坝区温暖、山区寒冷等特点。远离海洋不受台风的影响，大部分地区热量充足，雨量充沛。多种类型的气候生态环境，造就了云南自然风光无限，物奇候异，由此被人们美称为“植物王国”。

云南中草药资源十分丰富，药用植物种数居全国第一，在中药材种植方面也曾创造了多个全国第一。目前云南的中药材种植产业承担了云南全省乃至全国大部分中医药产品的原料供给。跨越式发展中药材种植产业方兴未艾，适应生物医药产业的可持续发展趋势尤显，丛书出版正当时宜。

本书编写时间仓促，编撰人员水平有限，疏漏错误之处难免，希望读者给予批评指正。

云南省中医药学会

名特药材种植专业委员会

目　录

第一章　概述

一、历史沿革

黄精为百合科黄精属（*Polygonatum*）植物滇黄精（*Polygonatum kingianum* Coll. Et Hemsl）（黄精（*Polygonatum sibiricum* Red.）或多花黄精（*Polygonatum cyrtonema* Hua））的干燥根茎。按形状不同，习称“大黄精”“鸡头黄精”“姜形黄精”，是药食两用植物，入药具有补气生津、健脾润肺、养阴益肾的功效。黄精分布区域为我国黑龙江、吉林、辽宁、河北、山西、陕西、内蒙古、宁夏、甘肃（东部）、河南、山东、安徽（东部）、浙江（西北部）、云南（东北部）等地以及国外的朝鲜、蒙古和西伯利亚（东部）等地区；多花黄精则主要分布于我国四川、贵州、湖南、湖北、河南（南部和西部）、江西、安徽、江苏（南部）、浙江、福建、广东（中部和北部）、广西（北部）等地；而滇黄精则以云南为中心，产于云、贵、川等我国西南地区及与云南接壤的越南、缅甸等地区。

黄精药用历史悠久，我国对黄精的药用历史已逾

2000年。三国时《广雅》、西晋时《博物志》记载：昔以本品得坤士之气，获天地之精，故称黄精。属仙家服食之品，不作药用，归于芝草类。魏晋时期的《名医别录》有详细记载："黄精今处处有。二月始生，一枝多叶，叶状似竹而短，根似萎蕤。萎蕤根如荻根及草蒲，节而平直；黄精根如鬼臼、黄连，大节而不平，虽燥，并柔软有脂润。根叶花实皆可饵服，酒散随宜。黄精叶乃与钩吻相似，惟茎不紫，花不黄为异，而人多惑之，其类乃殊，遂致死生之反，亦为奇事。味甘，平，无毒。主补中益气，除风湿，安五脏。久服轻身、延年、不饥"，其后历代本草沿用《名医别录》记载。而《证类本草》中黄精附图中"解州黄精"极有可能是"黄精"或滇黄精。明代的《滇南本草》中为"鹿竹，一名兔竹。味甘，性平，无毒。根如嫩生姜色，俗呼生姜，药名黄精，洗净，九蒸九晒，服之甘美。俗亦能救荒，故名救穷草。主补中益气，除风湿，安五脏。久服轻身延年，治五劳七伤，助筋骨、耐寒暑、益脾胃、开心肺，能辟谷、补虚、添精，服之效矣。"

现代医学证明，黄精富含微量元素和生物活性。黄精花、叶、根、茎都可以食用，并且黄精在历史上一直被作为药食同源之物。诸多药典对黄精的记载均是服食之用，均记载着黄精具有延年益寿、强身健体、防老抗衰的保养功效，也可作辟谷之用，最显著的功效就是能够抗疲劳、延缓衰老和抗菌作用等，所以被称为"仙人之余粮”也不难理解。随着国家扶贫政策的推行和乡村振兴的发展，黄精已经开始被大规模、规范化种植，大幅提高了黄精的产量和经济效益，人们不再是只能依靠采挖野生资源来维持供应。通过科学培育和管护，黄精种植已经初具规模，云南不少地区种植企业和农户已在黄精种植上取得较好的经济效益和社会效益。

二、资源情况

黄精是百合科黄精属（*Polygonatum*）多种植物根茎的总称，属多年生草本，广布于北温带，世界上约有 40 多种，我国有 30余种。《中国药典》（2015版）收载了黄精、滇黄精和多花黄精3种为其原生药用植物来源，在我国分布较广，蕴藏量也较大，是国家规定的法定品种，也是药用的主流品种，但民间药用黄精品种范围较药典规定更为广泛，还有卷叶黄精、轮叶黄精、点花黄精、格脉黄精等10多个品种。

三、分布情况

历版《中国药典》规定的3个品种主要分布于全国的大部分地区，黄精分布于东北、华北、西北、华东以及河南、湖北、四川、贵州；多花黄精分布于华东、中南、四川、贵州等地；滇黄精主产于云南，四川、贵州、广西等省区也有分布（见图1–1）。

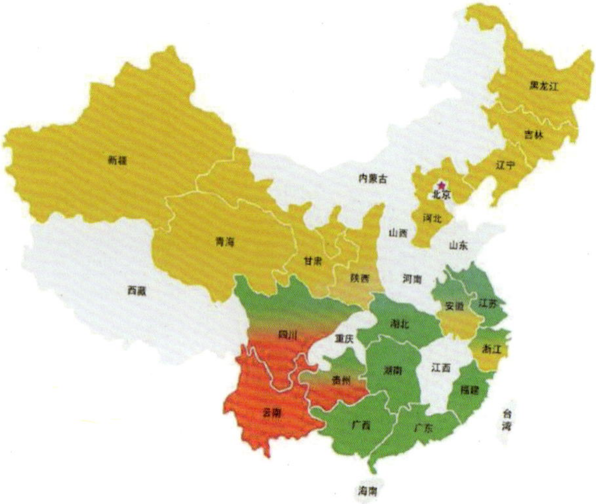

图1–1 我国黄精分布图

黄色部分：黄精主要分布于我国的东北地区、西北地区、河北、安徽东部、浙江等地。另外，在朝鲜、蒙古和俄罗斯西伯利亚东部地区也有分布。

绿色部分：多花黄精主要分布于四川、贵州、湖南、湖北、安徽、江苏南部、浙江、福建、广东中北部、广西北部等地。

红色部分：滇黄精主要分布于云南、四川、贵州等地。在越南、缅甸也有分布。

黄精、滇黄精、多花黄精三种植物均为黄精药材植物的法定基源品种，为常用中药材。过去黄精资源以野生为主，近5年来，因为野生资源的下降很严重，市场需求被持续拉升。随着需求增加，黄精价格攀升，药农采挖力度逐渐增强，黄精资源锐减，特别是滇黄精，由于具有良好的口感作为食用材料而被人们所认知，随着生活水平的提高，滇黄精的需求量在迅速增加，曾在云南随处可见的滇黄精资源，现已很难找到，只有在人迹罕至的原始森林有零星分布。人们为了满足黄精市场需求，开始寻求黄精种植技术的提升，以便开展规范化、规模化种植。

四、发展情况

黄精（药材）为药食两用品种，是常用的中药材种类之一，是药品、保健品和食品的首要原料。近年来含黄精药材成分的中成药和保健品种类逐步增多，黄精药材的用量也有所增加，在4000吨左右，其中食用量占到了总量的80%。国内各个药材商场黄精的销售量在3000吨左右，而出口量在700~900吨之间，主要出口韩国、日本等国；此外小型初加工公司及个体零售店户，估计在1000吨左右，总需求在5000吨左右。

黄精在药用价值方面的应用较为广泛，被中药界称之为中药黄金，从总体趋势来看，黄精的价格随资源减少逐年递增，虽然中间也有小幅的跌宕起伏变化，但行情一路走来基本较为顺畅。2000 年以前，黄精的价格基本变化不大。1993 年以前每千克基本上都在 3 ~ 4 元之间波动，那时资源充足可以保证供应；从 1994 年初开始上涨，年底达到 6.5元左右，1995 年达到 12 ~ 13 元的高价，随着高价刺激，货源增多，到1995年底又跌回7元左右。1996～2000年6年间基本都在7元左右上下波动，幅度不是很大。到2003年随着工业化生产量的增加又涨回到12元左右，随着后来货源的增多价格有所回落；2005年5月再次上涨到16元左右，其后价格再回落到11~13元之间；由于市场需求在持续增长，资源开始枯竭，货源减少；2009年价格上升到17～18元，2010年以后，随着货源减少，购销顺畅，资源进一步枯竭，黄精的价格呈稳步上升的趋势，2012～2013年保持在30元左右，2014年价格达到40元，2015～2017年价格上升到55元左右，2019年达到70~85元左右，零售价达到100元（昆明市菊花园中药材市场），黄精药材价格变化见图（图1–2）。

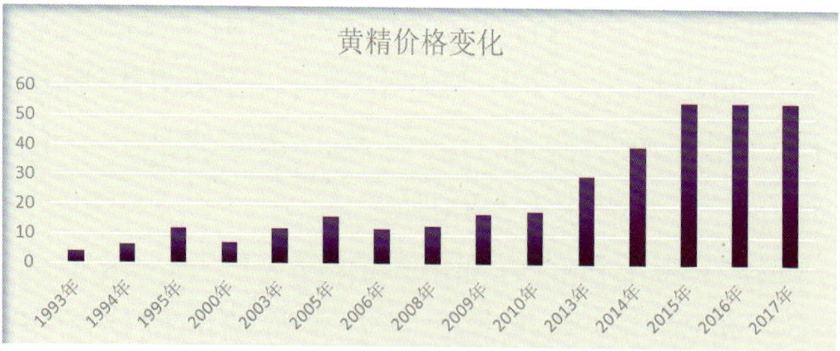

图1–2 1993～2017年黄精价格变化图

黄精，是一种使用面非常广的药食同源植物，人工栽培历史悠久，化学研究进展明显，在大健康背景下后市看好。云南一大批药材种植企业与种植户经过效益分析、测算，从2015年开始种植云南优势品种滇黄精，经过不断试验探索，基本掌握了从种子、种苗繁育，到规范化规模化种植，产品采收加工，走通了黄精种植生产加工的整个过程，并且取得了非常好的经济效益和社会效益，使云南滇黄精种植又成了云南又一种十分炙热的品种，黄精种植产业也显现出十分广阔的前景。

第二章　分类与形态特征

黄精属（*Polygonatum*）属于百合科植物，全世界有约40个种，分布于北温带。我国有31种，在我国各地均有分布，其中常用药材黄精类和玉竹类都来自本属植物。其中黄精药材的黄精、滇黄精和多花黄精为药典基源植物。黄精主要分布于安徽、浙江、湖北、陕西、东北和华北各省；多花黄精（囊丝黄精）主要分布于四川、安徽、陕西、湖北及长江以南各省市；滇黄精主要分布于云南、四川、贵州、广西等。滇黄精为我国特有种，是黄精品系的优质种群，应用范围较广。目前，人们主要种植的品种为黄精、滇黄精和多花黄精药典收载的基源种，但黄精属品种资源丰富，本属植物中多种植物在民间广泛使用，开发应用还具有较大潜力。

一、植物形态特征

黄精属（*Polygonatum*）为具根状茎草本植物，生于林下、灌丛、岩石或树干上，茎不分枝，基部具有膜质的鞘，直立，或上端向一侧弯拱而叶偏向另一侧，或上部有时作攀缘状。叶轮生、对生或互生，全缘，叶片形状为卵形、披针形或线形。花腋生，通常集生似成伞形、伞房或总状花序；花被片6，下部合生成筒，裂片顶端外面通常具乳突状毛，花被筒基部与子房贴生，成小柄状，并与花梗间有一关节，花被由白色、黄色、浅红色、红色、浅紫色至深紫色；雄蕊6，内藏；花丝下部贴生于花被筒，上部离生，似着生于花被筒中部上下，丝状或两侧扁，花药矩圆形至条形，基部2裂，内向开裂；子房3室，每室有2~6颗胚珠，花柱丝状，多数不伸出花被之外，很少有稍稍伸出的，柱头小。浆果近球形。具几颗至10余颗种子。

二、植物学分类检索

分类检索表

1.花被长（13～）15～30mm。

2. 叶互生

3.苞片叶状，卵形或披针线，长1-～3.5cm，具多脉。

4.植株无毛；花序具2枚苞片。

5.苞片卵形，2～3.5cm，宽1～3cm，两两成对，包着花………二苞黄精*P. involucratum*(Franch. et Sav.) Maxim.

5.苞片披针形，长不超过2cm，宽3～6mm，不包着花…………长苞黄精*P. desoulayi* Kom.

4.植株除花和茎的下部外，其他部分疏生短柔毛；花序具3～4枚苞片…………………………大苞黄精*P. megaphyllum* P. Y. Li

3.苞片膜质或近草质，钻形或条状披针形，微小，很少长达1.2cm，无脉或具3～5条脉，或苞片不存在。

6.根状茎圆柱状（即“节”不粗大，“节间”延伸较长）。

7.花被筒里面（花丝贴生部分）具短棉毛；花丝具乳头状突起至具短毛；叶显著具短柄，柄长5~15mm。

8.植株较高大，高50～80cm；根状茎直径6～10mm；叶6～9枚，长8～16cm；苞片长8～12mm，具3～5脉……………………毛筒玉竹*P. inflatum* Kom.

8.植株较矮小，高20～30cm；根状茎直径3～4mm；叶4～5枚，长7～9cm；苞片微小，无脉…五叶黄精*P. acuminatifolium* Kom.

7.花冠筒里面无毛；花丝近平滑具乳头状突起；叶无柄或仅具短的柄。

9.叶下面有短糙毛……………小玉竹*P. humile* Fisch .ex Mamim.

9.叶下面无毛。

10.花序具1～2（～4）朵……玉竹*P. odoratum*（Mill.）Druce.

10.花序具（3～）5～12（～17）朵花……………………热河黄精*P. macropodium* Turcz.

6.根状茎姜状、连珠状或多少呈连珠状（即“节”粗大，“节间”较短缩）。

11.花梗基部具一与之等长的苞片（长约0.5cm）；花丝顶端具距………………………………距药黄精*P. franachetii* Hua.

11.花梗无苞片或具一微小的苞片；花丝顶端不具距（但多花黄精的花丝顶端囊状，当较大时亦接近距状）。

12.花丝上部丝状，下部略扁，平滑……………………… 阿里黄精*P. arisanense* Hay.

12.花丝全部两侧压扁，具乳头状突起具短棉毛。

13.叶下面有短毛；总花梗细长，长3～8cm………… 长梗黄精*P. filipes* Merr.

13.叶下面无毛；总花梗较粗短，长1～4cm。

14.植株较高大，高50～100cm；根状茎肥厚，直径1～2cm；叶10～15枚；花序通常具2～7朵花…多花黄精*P. cyrtonema* Hua

14.植株较矮小，高15～40cm；根状茎细长，直径5～7mm；叶5～9枚；花序具1～2朵花……………节根黄精*P. nodosum* Hua

2.叶极大部分为轮生或对生。

15.植株高大，通常高1米以上；叶极大部分为轮生，先端拳卷；花被至少2/3部分合生……14.滇黄精*P. kingianum* Coll. Et Hemsl.

15.植株矮小，高不及10cm；叶通常只有10余枚，常紧接在一起，当茎延伸时，显出下部少数的叶为互生，上部的叶为对生或3叶轮生，先端略尖而不拳卷；花被仅约1/2部分合生……… 独花黄精*P. hookeri* Baker

1.花被长6～12（～15）mm。

16.叶极大部分为互生，先端不拳卷（有少数种类，它们的叶大部分也为互生，但先端拳卷，如互卷黄精、粗毛黄精；即使它们的顶端不拳卷，但它们的花被合生成筒状而不是坛状，如康定玉竹）。

17.花被合生生成坛状…点花黄精*P. dpunctatum* Royle ex Kunth

17.花被仅于基部（1～2mm）合生…短筒黄精*P. alte-lobatum* Hay.

16. 叶极大部分为轮生或对生，很少为互生（如粗毛黄精、互卷黄精、康定玉竹）。

18. 子房长4～7mm；花药长3～4mm。

19.叶大部分为对生，果梗在果实成熟后下垂。

20.花序具2～5朵花，总花梗长5～8mm；花丝顶端不膨大……对叶黄精*P. oppositifolium* （Wall.） Royle

20.花序具（1～）2～3朵花，总花梗长1.5～3cm；花丝顶端膨大成囊状…………………………棒丝黄精*P. cathcartii* Baker.

19.叶极大部分为轮生，果梗在果实成熟后上举…格脉黄精*P. tessellatum Wang et Tang*

18.子房长2～3mm；花药长2～3mm。

21.植株（除花外）几乎全部具短硬毛……粗毛黄精*P. hirtellum* Han.Mzt.

21.植株无毛

22.叶大部分为互生或对生。

23.叶先端拳卷，边缘略呈微波状；花被仅基部合生，裂片长5mm………互卷黄精*P. alternicirrhosum* Hand. ~ Mzt..

23.叶先端不拳卷，边缘不呈微波状；花被至少2/3部分合生，裂片长1.5～3mm。

24.花被长8～12mm；根状茎的“节间”一头粗、

一头细或呈连珠状………………卷叶黄精*P. verticillatum*(L.) All.

24.花被长6～8mm；根状茎圆柱形，“节”和“节间”粗细相同………………………………康定玉竹*P. prattii* Baker

22.叶大部分为轮生。

25.叶先端直。

26.叶在现花后向下俯垂…………………垂叶黄精*P. curvistylum* Hua

26.叶平展或上举。

27. 植株矮小，高10～30cm，仅具2（1～3）轮叶……………………………………………细根茎黄精*P. gracile* P. Y.Li

27.植株较高大，高40～100cm或以上，具多轮叶。

28.总花梗和花梗均极短，总花梗长2～5mm，花梗长1～2mm…………………狭叶黄精*P. stenophyllum* Maxim.

28.总花梗和花梗较长，总花梗长1～2cm，花梗长（1～）2～5mm

29.根状茎细圆柱形，“节”和“节间”粗细差不多，直径3～5mm…………新疆黄精*P. roseum*（Ledeb.）Kunth

29.根状茎的“节间”一头粗、一头细，或为连珠状，直径7～15mm……………轮叶黄精*P. verticillatum*(L.) All.

25.叶先端弯曲或拳卷。

30.花柱长为子房的1.5～2倍……黄精*P. sibiricum* Delar. ex Rediute

30.花柱稍短至稍长于子房。

31.花序通常具2花；苞片不存在，或存在时仅

轮叶黄精

狭叶黄精

格脉黄精

玉竹

康定玉竹

点花黄精

卷叶黄精

短筒黄精

黄精

多花黄精　　黄精　　滇黄精

图2-1　部分黄精品种

长1～2mm，无脉，位于花梗上或花基部……卷叶黄精 *P.cirrhifolium* (Wall.)Royle

31.花序具2～6（～11）花；近伞形状；苞片长（1～）2～6mm，具1脉，位于花梗基部……湖北黄精 *P.zanlanscianense* Pamp.

三、药材性状特征及检索

1. 鲜品

（1）黄精：根茎呈扁圆柱形，肥大肉质，表面黄白色，结节处有规律性膨大，有数个较大圆形茎痕，一头粗一头细，细者长达4cm以上，形似鸡头，故名叫鸡头黄精。

（2）滇黄精：根茎近圆柱形，肥大厚肉质，姜块状或结节块状，结节长达10cm以上，宽3~6cm，厚2~3cm。块茎表面淡黄色至黄棕色，具环节，有皱纹及须根痕，

图2-2　黄精鲜品

结节上侧茎痕呈圆盘状，圆周凹入，中部突出。

（3）多花黄精：根茎横走，块状或连珠状，肥大肉质，近圆柱形，节处较膨大，直径达1.5cm。

（4）其他黄精：卷叶黄精、轮叶黄精、节根黄精等。根茎呈连珠状或结节状，一端常较细，与粗的一端串状相连，圆盘状一端有短分枝，粗端直径可达1.5～2.5cm，肥大肉质等不如前三种。

2. 干燥品

黄精春、秋二季采挖，除去须根，洗净，置沸水中略烫或蒸至透心，干燥。色至黄棕色。气微，味甜，嚼之有黏性。药材按形状不同，分为“大黄精”“鸡头黄精”“姜形黄精”。质坚硬而柔韧，不易折断，加工成片则呈半透明状，断面角质，淡黄色至黄棕色。

大黄精：呈肥厚肉质的结节块状，结节长可达10 cm以上，宽3～6cm，厚2～3cm。表面淡黄色至黄棕色，具环节，有皱纹及须根痕，结节上侧茎痕呈圆盘状，圆周凹入，中部突出。

鸡头黄精：呈结节状弯柱形，长3 ~ 10cm，直径 0.5 ~ 1.5cm。结节长 2 ~ 4 cm ，略呈圆锥形，常有分枝 。表面黄白色或灰黄色 ，半透明，有纵皱纹，茎痕圆形 ，直径5 ~ 8 mm，形如鸡头。

姜形黄精： 呈长条结节块状，长短不等，常数个块状结节相连。表面灰黄色或黄褐色，粗糙 ，结节上侧有突出的圆盘状茎痕，直径0.8 ~ 1.5cm。

图2-3 黄精药材商品

第三章　生物学特性

一、生长发育习性

黄精为多年生草本，生命周期较长，一般都在5年以上，种子繁育种苗需2年，移栽种植3年才能采挖。如果条件较好，黄精可以存活30年以上。以云南种植最广泛的滇黄精为例，整个生命周期从种子萌发开始，可以划分为种子萌发期、营养生长期、生殖生长期、成熟凋亡期。

1. 萌发期

种子颗粒较大，每千克2000粒左右（带果皮和种皮的鲜重），其种子具有休眠特性，种子需要在土壤中度过6~7个月才能萌发，因此采收后的滇黄精种子，即使采收后就播种于土壤中，但一般需要半年时间才会出苗。实验表明，滇黄精种子的休眠机制为生理休眠，在3~5℃的低温沙藏层级60天左右可破壁萌动，使用500~1000mg/L的赤霉素处理结合沙藏可明显缩短滇黄精种子休眠时间，15~20℃左右为滇黄精种子发芽的最适温度。一般9~10月采收种子后，采用低温沙藏处理10~15天，后播种于土壤疏松、肥料充足、保水性好的沙壤土或富含腐殖质的壤土中，覆盖土层不超过2cm，播种后2~3个月种子开始萌动，于5~6月份，种子即可长出1片叶子。

2. 营养生长期

滇黄精的营养生长发育需2~3年，之后才进入生殖生长期，开始开花结果。滇黄精的营养生长期又可以划分为单叶期、轮叶期。

（1）单叶期：滇黄精播种后5~6个月开始出苗，出苗时就1片叶子，当叶片出土后，可以依靠根部吸收的水分及营养物质进行光合作用，所产生的碳水化合物又通过叶脉和茎的运输组织进行运输，幼苗开始成为自养。这段时期若遭受自然灾害和病虫害造成叶片丧失，植株进入冬眠或死亡，因此苗期应加强水肥和病虫害的防控，以防小苗受到伤害。

（2）轮叶期：滇黄精在经过1年的单叶期生长后，进入轮叶期，此时地上茎增高、加粗，叶片数、轮数增多，根茎也随年龄的增长而显著增粗，一般情况下1年1个芽头长1节。其植株一般2 ~ 5月出苗，通常会随种植年限的增加，茎秆会变粗壮，数量也相应增加。这个时期是植株快速生长发育期，对水肥的需求较大，因此尤其要注重水肥的补充，不仅每年秋冬季的底肥要足，生长旺盛期适当追施追肥和叶面肥，同时要防止水涝，造成植株死亡。一般滇黄精生长5年后能进入生殖生长阶段，在栽培条件下由于水肥充足，出苗3年后也可以进入生殖期。

3. 生殖生长期

此时生长迅速，地上茎增高、加粗，每轮叶片数和轮数增多，单轮叶片数为7~15枚，叶片轮数可达20轮，花、果出现，根茎段也有显著增粗，根状茎近圆柱形或近连珠状。植株出苗后就是花期，地上茎抽出后，花芽已在轮生叶着生点形成，包藏于未展开的轮生叶中，3~5天后，叶片展开，花部露出，花梗伸长，花期一般为1个月左右，花期过后，子房膨大，进入种子生长发育阶段，9~11月种子陆续成熟，种球由绿色渐渐变成了黄红色，每个种球内有3~5粒种子，种子外面包被一层黄红色的种皮，成熟后种球有的脱离，有的就留在植株上，新鲜种子千粒重为150g左右。滇黄精的叶片数和叶片轮数通常随根茎年龄的增加而增加，其后趋于稳定。

4. 成熟凋亡期

滇黄精块根的增长速度与适宜的光照、土壤肥沃及植株的茂盛程度密切相关，同时与地下块根大小及根系的发达程度均有关系。光照过强会抑制植株的生长，同时植株可能会出现灼伤，光照不足时则植株叶片徒长，但块根营养积累少，不利于产量的提高，故一般可采用打尖方式抑制植株的过分生长。另外，在生育早期，块根从土壤中吸收水分和营养供给植株地上部分生长，待地上部分长出以后通过“光合作用”，植株把空气中的CO_2和H_2O转化为碳水化合物，贮藏于块根。当植株开花结籽时，物质能量主要来源于植株的光合作用和块茎的营养供给，保证滇黄精种子成熟。冬季由于气温剧降，地上部分枯萎死亡，进入冬眠，并为第二年的新植株储备能量；在云南气温下降缓慢，可在11月上旬剪去地上部分，可作为禽畜饲料。

图3-1　滇黄精（苗期）

图3-2　滇黄精（花期）

图3-3　滇黄精（果期）

二、对土壤及养分的要求

1. 土壤

黄精对土壤的适应性很强。无论是沙土、沙壤土、轻壤土、中壤土或黏土，都能生存。但为了植株生长、获得大量的种子和高产优质的块茎药材，应选用深厚、肥沃的沙壤土、轻壤土、中壤土建设种植基地为好，这些土质疏松、保水性和透水、透气性好。水分、养分不易流失。黏土种植滇黄精需要改良土壤后再行种植，因为黏土透气、透水性差，黄精怕被淹水，黏土上种植不仅管理难度大、产量低而且还增加管理成本。若要在黏性土壤中种植，可以通过掺沙压黏向地里增施秸秆、腐殖土、珍珠岩等措施，改良土壤，改变土壤理化性质而达到增产保收的效果。

种植黄精对土壤的要求较为严格，要求土层深厚，厚度要求大于50cm，土质要疏松肥沃、有机质含量高的中性或偏酸性沙质壤土，且地势要稍有一定的坡度，但坡度要求<15°，有自然灌溉条件、排水和给水方便，避免雨季积水或春、秋、冬季干旱，减少病害发生。在经常翻用、沙质土壤和有机质含量或速效肥力较高的壤土中，土壤透气和保肥性好的土块，可获得较高的产量。土壤板结、贫瘠的黏性土及排水不良的低洼地，都不利于滇黄精的生长，不宜用来种植滇黄精，土壤板结、积水都会造成病害加重，造成滇黄精缺塘、减产。另外钾、钙、镁、锌、钼、钙等元素对滇黄精生长很重要，土壤中如果缺少这些元素，可进行人工叶面喷施或土壤表面撒施。

2. 水分

水是黄精植株、根茎块茎和根的重要组成部分，在根茎块茎中，夏秋季，滇黄精根茎块茎中水分含量78%~82%，春冬两季根茎块茎的含水量为70%~75%。植株中水分约占植株重量的80%以上，水在树体的新陈代谢中起着重要作用，它既是光合作用产物不可缺少的重要组成因素，又是各种物质的溶剂，使根部吸收的无机盐输送到树冠各部分，把叶片制造的光合作用产物输送到根部，促使树体生长，根深叶茂，花多、果多、果大，水分不足会造成植株生长缓慢、花果脱落。黄精耐旱能力较强，在云南地区春季，降雨量稀少的情况下，也能从土壤中萌发出来。这是因为它的根茎块茎为其营养和水分的贮藏器官，当地表温度适宜生长需要水分时，根茎会释放一定的水分作为矿质营养元素运输媒介，保证地上部分生长。但是，如要获得丰产优质，就必须有足够的土壤水分供应。

黄精生长离不开水，但也怕水，因此，种植基地以具有一定坡度，但坡度不能大于15° 为宜，坡度大不利于保持土壤水分，地势平坦、土壤黏性大容易造成积水，容易造成根腐和病害加重，造成减产。同时冬季出现低温霜冻天气，根茎在没有土壤保护的情况下，裸露在露天下滇黄精根茎块茎容易造成冻害，根茎块茎被霜冻后会死亡，造成减产。

3. 温度

黄精为较耐寒植物，但要求低温无冻害。2月下旬至3月上旬气温10～15℃，在5℃以上就能出芽生长，但空气温度低于5℃就会造成冻害，一般种子萌发、根生长发育和顶芽萌发的适宜温度为15～20℃，出苗为20℃，地上部植株生长为16～20℃，地下部根茎生长为15～20℃。一般热量丰富和昼夜温差较大的区域更有利于滇黄精的生长。就当时实地调查情况而言，不同地方的生长速度相差较大，有时地下茎的积累速度可以相差10余倍。滇西北滇黄精的生长速度明显要慢，滇东南的要快许多。但滇西北和滇东南的种源相互调换种植区域，都会造成生长不适情况，且病害加重，这可能是由于长期的自然适应性造成，因此在选择种源时要考虑种植基地与种源地气候、海拔等多方面的因素，以免造成减产损失。

4. 光照

黄精属喜阴植物，喜斜射或散光，忌强光直射，生长要求蔽阴的环境，遮阴度应在60%～70%之间，光照强度大会使叶片枯萎。光照强度也是影响黄精叶片大小的因素之一，在50%～80%的避阴度下，50%避阴度种植的滇黄精叶片明显小于80%避阴度下的植株叶片，这可能是由于光照强度和光合作用的需要造成的。一般黄精种子萌发和幼苗阶段要求遮阴较高，而成熟前二年要适当减少遮阴增加光照，有利于次生代谢物和干物质的积累。在冬季，黄精倒苗后应把遮阴网揭下，让太阳光照晒基地，进行自然紫外线杀菌，减少病害，在春季黄精出苗前应把遮阴网拉上，以免太阳光直射造成灼伤，建造的阴棚散射光能有效促进生长。

三、对气候的要求

黄精为喜温、湿，耐阴，惧霜冻和阳光直射。在生长过程中，热量丰富和昼夜温差较大的区域更有利于黄精的生长，耐受的气温为-10～40℃，适宜生长气温为10～25℃；遮阴度应在60%～70%之间，小于或大于50%～90%时将影响生长。在降雨量集中的地区生长良好，尤喜河边、沟边和背阴山坡地。生于海拔1300～3200m；年平均气温为10～25℃，无霜期240天以上；年降雨量在850～1500mm；均适宜种植黄精属植物。

图3-4 黄精生长气候环境

第四章　栽培管理

一、种苗繁育

目前，黄精繁育栽培，主要以野生种源和野生变家种的品系为主，也有采用优势较好的野生种源进行组培繁育种苗。在商品品质上这三种黄精都好于其他种黄精，黄精产于东北地区、西北地区、河北、安徽东部、浙江等地；多花黄精产于四川、贵州、湖南、湖北、安徽、江苏南部、浙江、福建、广东中北部、广西北部等地；滇黄精产于云南、四川、贵州等地，在越南、缅甸等地也有分布。由于长期的自然选择，云南的不同的生境、海拔、气候的条件都适应滇黄精的生长繁育；在云南及周边地区种植应该选择滇黄精来种植，否则，在种植过程中会出现种源不适应、抗病性差、产量低下等问题；当然在滇东北的昭通地区，经我们考查多花黄精也较适宜种植。云南省农业科学院药用植物研究所对滇黄精种质资源开展了较为深入研究，对滇黄精的产地、表型、产量、药效等进行了较为全面系统的探讨。在此基础上培育出了“滇黄精云农1号”“滇黄精云农2号”和“滇黄精云农3号”三个品种，获云南省林业厅园艺新品种注册登记。

"滇黄精云农1号"其特征为该品种具有在水分不充足的情况下长势较好，抗旱力较强，植株生长前期，茎秆呈紫红色，后期紫红色逐渐变淡，但茎秆为紫红色的特点仍然明显，产量较高；该品种喜温暖湿润气候和阴湿的环境。耐寒，对气候适应性较强，可选择半高山或平地栽培，以土层深厚、肥沃、疏松、湿润的土壤栽培为宜。

"滇黄精云农2号" 该品种具有植株矮小、叶片宽、数量较少且厚、花被为黄白色（或带少量红色斑点）的特点，该品种产量较高，抗逆性强，喜温暖湿润气候和阴湿的环境。耐寒，对气候适应性较强，可选择半高山或平地栽培。

"滇黄精云农3号" 品种适应性强、长势较好、植株高、叶片颜色较深、叶片大、产量高、喜温暖湿润气候和阴湿的环境，耐寒，对气候适应性较强，可选择半高山或平地栽培，以土层深厚、肥沃、疏松、湿润的土壤栽培为宜。

1. 组织培养及繁育技术

（1）材料选择

滇黄精组织培养外植体以选取 3 ~ 4 月份当年生、生长健壮、无病虫害的植株，以其根茎为繁殖材料。

（2）消毒

将所选材料的地下块茎用水刷洗干净，去掉叶片和根系，切下根状茎上的芽，切取顶芽 2 ~3cm，用200 mg/L羧苄西林钠或头孢唑林钠进行浸泡处理5 小时，浸泡时进行振荡（26 ℃，112 rpm/分钟），取出材料后用无菌水清洗2次，接着用75 %的酒精漂洗30 秒，无菌水清洗1次，1g/L升汞灭菌5分钟，再用无菌水清洗3次。晾干后切成0.5cm左右大小，然后接种于培养基上。

（3）愈伤组织培养和芽分化

将无菌外植体经切分处理后接入MS+NAA 1.5毫mg/L+ KT 1.5 mg/L培养基中约 15 天后即有启动痕迹；培养25天左右，根茎芽周围开始冒出新芽，但其生长势较弱，有效芽较少；培养35 天左右，根茎芽周围有大量新芽冒出，且其长势有所增强，有效芽逐渐增多；培养45

图4-1　滇黄精愈伤组织培养

图4-2 滇黄精增殖苗

天左右，新生芽的数量达到最大值，且其生长势最强，有效芽的数目趋于稳定；培养55天左右，新生芽的生长趋势开始明显下降，有效芽的数目趋于稳定，芽体有变黄迹象；培养65天后，新生芽体的生长趋势进一步下降，芽体有萎蔫现象，出现新生芽体枯死衰退情况。

（4）继代增殖培养

待愈伤组织或不定芽形成后，将分化的不定芽块茎切成0.5cm^{3}左右的小块转接至增殖培养基（MS+6～BA 4.0mg/L+NAA 0.2mg/L）。连续继代增殖培养可达7～8代。其增殖率一般为4～6倍。继代培养的培养时间为45～55天为宜。

（5）生根苗培养

以上愈伤组织、芽分化、继代培养和生根苗培养的基础培养基为加入蔗糖20g/L、琼脂5g/L，pH值5.8～6.8。培养环境温度（25±2）℃，光照培养强度为2000～3000lx，光照时间 10～16 小时/天。

图4-3　滇黄精组培生根苗

（6）炼苗移栽

生根45天后，敞开培养瓶炼苗3天，选择根长大约为2～3cm，根数多于 3 条的芽的植株，洗净培养基后移栽于基质（泥炭土：沙子：珍珠岩=2：2：1）中，置于

图4-4　滇黄精组培生根苗

18～20℃温度下，土壤湿度保持50%～60 %，每1～2周喷施 1 次叶面肥，2个月后黄精组培苗成活率可达90%以上。

2. 种子直播育苗技术

（1）种子选择

在立冬前后，当滇黄精果实变成黄色或橙红色时，植株开始枯萎时，采集果实，并及时进行处理，防止堆积后发生霉烂，将所采果实置于纱布中，搓去果皮，洗净种子，剔去透明发软的细小种子，种子呈光滑的乳白色，选择饱满、成熟、无病害、无霉变和无损伤的种子做种，种子不能晒干或风干。

种子、种苗的检验及等级：黄精种子、种苗国家或行业目前都没有制定规范或标准，大家都只能凭传统经验或者由买卖双方按照约定俗成来判断。如种子主要看

图4–5 多花黄精果实

其颜色程度和种子颗粒大小，好的种子果皮应该是黄色至橙红色，种子搓皮后的新鲜千粒重应在120g以上。种苗以人工育种苗为例，其块茎苗龄不低于2年，块茎直径不低于1.5cm，单株重量在3～4g以上。

（2）种子处理

黄精种子具有明显的后熟作用，胚需要休眠完成后熟才能萌发。在自然情况下需要经过两个冬天才能出土成苗，且出苗率较低，一般情况下翌年春天播种，播种后第二年才出苗，出苗率低，且出苗不整齐。采用种子低温催芽处理能使种子播种当年出苗，且出苗率高，出苗整齐。具体处理方法是：将选好的滇黄精种子，去皮处理后，用200mg/LGA（85%）浸泡种子30分钟，再用干净的湿沙催芽。按种子与湿沙的比例 1：10拌匀，再拌入种子量的0.5%的多菌灵可湿性粉剂，拌匀后放置于

图4–6 滇黄精果实

花盆或育苗盘中，置于室内，温度保持在18～22℃，每15天检查一次，保持湿度在30%～40%之间（用手抓一把沙子紧握能成团，松开后即散开为宜），第二年1月便可播种。种子直播生长缓慢，生长周期长，且种子发芽率低，出苗不整齐，目前生产上很少采用此方法。

3. 切块繁殖技术

滇黄精种子繁殖周期较长，一般情况下，从种子播种到出苗移栽至少需要18个月。因此，滇黄精除了有种子育苗、组织培养外，还可以采用块茎切块繁殖。其块根切块繁殖技术如下：

在秋末冬初季节，把块根收集来之后，可以选择健康、无霉病的块根作为块根切块材料，一般繁殖材料的直径要求在2cm以上，以滇黄精块根节为单元，进行切块，每块繁殖材料为1～2节（直径≥3cm的可以1节为一份繁殖材料，<3cm的2个节为一份繁殖材料），滇黄精块根切块后应在切口处用草木灰和多菌灵（百菌清）处理伤口，处理好伤口后的繁殖材料可以放置于太阳短时照晒或阴凉处放置2～3天，之后检查切块材料中有没有发生霉病的块茎，若发现剔除或进行二次消毒处理。切块处理后的繁殖材料经过晾晒处理后即可下地种植。

种苗移栽时间：一般为夏季带苗移栽或冬季倒苗后用无苗的块茎移栽。

二、选地、整地

1. 选地

（1）大田

根据滇黄精的生长特性（喜温、耐寒、耐旱、耐高温、耐阴、怕涝），选择海拔700～3600m；年平均气温为15～25℃，地温为10～20℃，无霜期240天以上，年降雨量在850～1200mm，土壤pH值5.5～7.2之间，土质为土壤疏松，富含腐殖质、保湿、利于排水的坡地或缓坡地。所选地块周边植被较好，空气湿度大，光照充足，热量丰富的区域，前茬不能种植茄科作物如辣椒、茄子、烤烟等或种植施肥过多、种植过蔬菜的熟地，最好选择生荒地或前茬为玉米、荞麦等禾本科作物的坡地。

（2）林地

根据滇黄精野生的生长黄精，种植滇黄精可以选择林下种植，林地树种可以选择果树、竹林、华山松、杉木林、旱冬瓜、常绿阔叶林或落叶阔叶林等避阴度在50%～70%、利于保水的沙质或腐殖质层深厚的林下，所选林地的海拔高度为700～3600m，降雨量为700～1200mm，年均温度为15～25℃的林地。

2. 搭建阴棚

滇黄精属喜阴植物，忌强光直射，如果采用荫棚种植，应在播种或移栽前搭建好遮阴棚。按4m×4m打穴栽桩，可用木桩或水泥桩，桩的长度为2.5m，直径为

10 ~ 12m，桩栽入土中的深度为40 ~ 50cm，桩与桩的顶部用铁丝固定，边缘的桩子都要用铁丝拴牢，并将铁丝的另一端拴在小木桩上斜拉打入土中固定。在拉好铁丝的桩子上，铺盖遮阴度为70%的遮阳网，在固定遮阳网时应考虑以后易收拢和展开。在冬季风大和下雪的地区种植滇黄精，待植株倒苗后（11月中下旬），应及时将遮阳网收拢，第二年2 ~ 3月份出苗前，再把遮阳网展开盖好。

3. 整地

种植前1~2个月先深翻一遍，结合整地施农家肥2000~2500kg /亩翻入土中作基肥，让太阳暴晒自然消毒杀菌，之后耙细整平作墒，墒宽1.2 ~1.5m，墒与墒之间的沟深度应在20cm以上，预防多雨季节墒面积水，在有条件的情况下，可以架设喷灌或滴灌，预防旱季缺水减产；如果所选地块土质偏酸性较大，可以适当加入草木灰，如土壤偏碱性过大，可以适当撒入少量生石灰，确保土质在中性稍微偏酸。

三、种植栽培

1. 滇黄精林下种植技术

（1）林地选择

滇黄精为多年生草本植物，喜温暖、湿润，耐寒、耐旱、怕积水、惧怕霜冻和阳光直射。可在杉木林、竹林、华山松、旱冬瓜林、核桃、梨树等林下种植，既解决了滇黄精的遮阴和霜冻问题，降低了种植投入成本，又有利于培肥和改良了土壤，促进与提高经济林的经济效益。滇黄精2~3月份出苗，出苗时落叶乔木旱冬瓜、核桃、梨树已长出新叶，满足了滇黄精生长的遮阴需要。滇黄精11月份开始就逐步倒苗，旱冬瓜、核桃、梨树落叶又对滇黄精起到覆盖作用，防止霜雪冻害产生的影响。

（2）选择和整地

根据滇黄精的生长特性，适宜选择海拔在1200～2200m之间的区域；选地要选周边植被较好，空气湿度大，向阳、光照充足，热量丰富的区域，可选择杉木林、竹林、华山松、旱冬瓜、或果园；所选林地面积不宜太少，最好在千亩左右；林地的避阴度不宜太大，一般避阴度在40%～70%之间，如果避阴度太大，应对树木进行修整，修剪树枝；土质宜选择土壤疏松，富含腐殖质、保湿、遮阴，利于排水的坡地或缓坡地，可以选择黑沙壤、红沙壤或黏性较小的其他土质，土壤中应无病虫害或根结线虫等。

选好种植地后要进行土地清理，认真清除杂灌、杂草、杂质和残渣，高处的树枝不宜修理过多，保证遮阴度在40%～70%左右，以免幼苗移植后受到强阳光直射。洁地后，将充分腐熟的农家肥均匀地撒在地面上（不能使用未经腐熟的农家肥），每亩施用2000～3000kg，同时可选用“敌百虫”“毒死蜱”“氰菊酯”等农药中的一种拌“毒土”撒施（施药量以使用说明书为准或稍微增加），再用锄头深翻30cm以上，彻底杀灭土壤中现存的害虫及虫卵，土地深翻后应当暴晒一个月，以消灭虫卵、病菌。最后一次整地时可选用“百菌清”“代森锌”“多抗霉素”“福美双”“腐霉利”等杀菌剂进行土壤消毒（施药量以使用说明书为准或稍微增加），确保土壤无病菌。对过度偏酸的土壤还可撒生石灰（约10kg/亩），灭菌的同时可调节酸碱度，然后耙平土壤。土壤翻耕耙平后开畦。根据地块的坡向山势作畦，以利于雨季排水。为了便于管理，畦面不宜太宽，按宽1.2m、高25cm作畦，畦沟和围沟宽30cm，使沟沟相通，并有出水口。

（3）种植时间

滇黄精种植，根据苗的大小来确定移栽时间，小苗（块茎直径<3cm）可以在秋季带苗移栽或等冬季地上部分倒苗（11～12月）开始移栽，而大苗（块茎直径>5cm）宜在植株倒苗后移栽，此时移栽的滇黄精根系破坏较小，花、叶等器官尚未发育，移栽后当年就会出苗，出苗后生长旺盛。目前雨季移栽小苗也较为常见，一般雨季移栽要注意起苗时尽量减少根部损伤，尽量要种苗带土移栽，减少运输时间。

（4）种植密度及方法

生产上滇黄精种植密度也不尽相同，根据苗大小种植密度也有差异，苗小种植密度相对较大，苗大种植密度相对较小，株行距在20cm×25cm、25cm×30cm、35cm×40cm或50cm×50cm均有，一般每亩种植2000~8000株之间，最好起苗后立即移栽。在畦面横向开沟，沟深6~8cm，根据种植规格放置种苗，一定要将顶芽芽尖向上放置，用开第二沟的土覆盖前一沟，如此类推。播完后，用松毛或稻草覆盖畦面，厚度以不露土为宜，起到保温、保湿和防杂草的作用。栽后浇透一次定根水，以后根据土壤墒情浇水，保持土壤湿润。

（5）林下种植方法

滇黄精性喜阴，在野外主要生长于林下、林缘、灌丛和草丛中，耐阴性强，忌强光直射，遮光率40%~70%条件下生长良好。

滇黄精林下种植主要以块茎林下种植方式为主，根据林地情况，清除林下杂草及小树木，把林地开挖成墒面1.2~1.5m的墒。根据苗大小，种植密度做相应调整，苗小种植密度可相对较大，苗大种植密度相对可较小，株行距在20cm×25cm、25cm×30cm、35cm×40cm或50cm×50cm均有，一般每亩种植2000~8000株之间。栽时应开挖10~15cm左右的沟，将芽头向上，平摆于穴底；然后覆细肥土或火土灰，盖土与畦面平齐，有条件的应盖上一层捂熟的羊粪或有机肥，浇透定根水。种下之后于第二年3~4月开始出苗，出苗后应及时除草、浇水、施肥。

2. 两段式栽培

除了以上几种栽培方式外，还可考虑采用“两段式栽培法”或“三段式栽培法”，这是云南农业科学院药用植物研究所经过多年的努力研究，发明的一项重楼栽培技术。根据实践也可将此法应用于黄精种植中，滇黄精的两段式栽培法，第一段为种子种苗繁育阶段，用2年时间为种子种苗育苗阶段；第二段为种植生产阶段，用2～4年时间，此阶段为根茎开始快速膨大，快速生长成为商品阶段；同时种子成熟，采集种子繁育下一代种苗，逐渐成熟为商品生产争取效益阶段。第一段需要选择好种子，播种种苗，精心养护，精心管理，到形成初级优良的种苗商品，可以节约大量土地，同时降低管理难度。第二段为商品生产阶段，管理相对粗放，按期采取措施。目的是通过两至三个阶段，使得每个阶段的种植户都能较快收到效益，降低风险。

四、田间管理

1. 水肥管理

滇黄精种植后应根据土壤湿度及时浇水，使土壤水分保持在30%~40%之间。出苗后，有条件的地方可采用喷灌，以增加空气湿度，促进滇黄精的生长。雨季来临前要注意理沟，以保持排水畅通。多雨季节要注意排水，切忌畦面积水。滇黄精怕水涝，遭水涝时根茎易腐烂，导致植株死亡，造成减产。

滇黄精的施肥以有机肥为主，辅以复合肥和各种微量元素肥料。有机肥包括充分腐熟的农家肥、家畜粪便、油枯及草木灰、作物秸秆等，禁止施用人粪尿。有机肥在施用前应堆沤3个月以上（可拌过磷酸钙），以充分腐熟。追肥每亩每次1500kg，于5月中旬和8月下旬各追施一次。在施用有机肥的同时，应根据滇黄精的生长情况配合施用氮、磷、钾肥料。滇黄精的氮、磷、钾施肥比例一般为1：0.5：1，施肥采用撒施或兑水浇施，施肥后应浇一次水或在下雨前追施。在其生长旺盛期（7～8月）可进行叶面施肥促进植株生长，用0.2%磷酸二氢钾喷施，每15天喷一次，共3次。喷施应在晴天傍晚进行。

2. 中耕除草

由于滇黄精根系较浅，而且在秋冬季萌发新根和新芽，种植第一年要进行中耕除草，在中耕除草时必须注意，在9~10月前后地下茎生长初期，用小锄轻轻疏挖，不能过深，以免伤害地下茎，第二年以后宜人工拔除杂草，严禁使用化学除草剂。中耕除草时要结合培土，避免根状茎外露吹风或见光。冬季发生冻害，中耕除草时可以结合施用冬肥。2~3月苗逐渐长出，发现杂草要及时拔除，除草要注意不要伤及幼苗和地下茎，以免影响滇黄精生长。

3. 摘花、疏果及封顶

滇黄精的花果期持续时间较长，并且每一茎枝节腋生多朵伞形花序和果实，致使消耗大量的营养成分，影响根茎生长。因此，需要及时在花蕾形成前将多余的花芽摘去，同时把植株顶部嫩尖切除，只保留1～1.7m的植株高度，以避免植株养分分散。摘花疏果及封顶可以促进养分集中转移到收获的根茎部位，有利于提高产量，而且顶部嫩尖可以成为高端食材，在高档餐厅和饭店中做成为美味菜肴。

4. 防冻

黄精种植的部分区域海拔较高或位于滇东北地区，冬季气温较低，应防止冻害的发生，在苗期或冬季来临前，要在墒面盖上一层农家肥和稻草、干松毛等，以防止霜冻伤害地下根茎。

第五章　农药使用及病虫害防治

一、农药使用准则

为达到中药材“安全、经济、有效、稳定”的要求，根据我国中药材GAP生产技术规程的要求，中药材生产过程中农药使用按A级《绿色食品农药使用准则》执行。

1. A级绿色食品

产地环境质量符合NY/T 391的要求，遵照绿色食品生产标准生产，生产过程中遵循自然规律和生态学原理，协调种植业和养殖业的平衡，限量使用限定的化学合成生产资料，产品质量符合绿色食品产品标准，经专门机构许可使用绿色食品标志的产品。

2. 有害生物防治原则

绿色食品生产中有害生物的防治应遵循以下原则：

（1）保持和优化农业生态系统为基础：建立有利于各类天敌繁衍和不利于病虫草害滋生的环境条件，提高生物多样性，维持农业生态系统的平衡。

（2）优先采用农业措施：如抗病虫品种、种子种苗检疫、培育壮苗、加强栽培管理、中耕除草、耕翻晒堡、清洁田园、轮作倒茬、间作套种等。

（3）尽量利用物理和生物措施：如用灯光、色彩诱杀害虫，机械捕捉害虫，释放害虫天敌，机械或人工除草等。

（4）必要时合理使用低风险农药：如没有足够有效的农业、物理和生物措施，在确保人员、产品和环境安全的前提下配合使用低风险的农药。

3. 农药选用

（1）所选用的农药应符合相关的法律法规，并获得国家农药登记许可。

（2）应选择对主要防治对象有效的低风险农药品种，提倡兼治和不同作用机理农药交替使用。

（3）农药剂型宜选用悬浮剂、微囊悬浮剂、水剂、水乳剂、微乳剂、颗粒剂、水分散粒剂和可溶性粒剂等环境友好型剂型。

（4）A级绿色食品生产优先选用“AA级和A级绿色食品生产均允许使用的农药和其他植保产品”所列的农药。在所列农药不能满足有害生物防治需要时，还可适量使用“A级绿色食品生产按照农药GB/T 8321的规定使用农药种类”所规定的农药。

4. 农药使用规范

（1）应在主要防治对象的防治适期，根据有害生物的发生特点和农药特性，选择适当的施药方式，但不宜采用喷粉等风险较大的施药方式。

（2）应按照农药产品标签或GB/T 8321和GB 12475的规定使用农药，控制施药剂量（或浓度）、施药次数和安全间隔期。

5. 绿色食品农药残留要求

（1）绿色食品生产中允许使用的农药，其残留量应不低于GB 2763的要求。

（2）在环境中长期残留的国家明令禁用农药，其再残留量应符合GB 2763的要求。

（3）其他农药的残留量不得超过0.01mg/kg，并应符合GB 2763的要求。

表5-1 AA级和A级绿色食品生产均允许使用的农药和其他植保产品

类别	组分名称	备注
I.植物和动物来源	楝素（苦楝、印楝等提取物，如印楝素等）	杀虫
	天然除虫菊素（除虫菊科植物提取液）	杀虫
	苦参碱及氧化苦参碱（苦参等提取物）	杀虫
	蛇床子素（蛇床子提取物）	杀虫、杀菌
	小檗碱（黄连、黄柏等提取物）	杀菌
	大黄素甲醚（大黄、虎杖等提取物）	杀菌
	乙蒜素（大蒜提取物）	杀菌
	苦皮藤素（苦皮藤提取物）	杀虫
	藜芦碱（百合科藜芦属和喷嚏草属植物提取物）	杀虫
	桉油精（桉树叶提取物）	杀虫
	植物油（如薄荷油、松树油、香菜油、八角茴香油）	杀虫、杀螨、杀真菌、抑制发芽

续表 5-1

类别	组分名称	备注
I.植物和动物来源	寡聚糖（甲壳素）	杀菌、植物生长调节
	天然诱集和杀线虫剂（如万寿菊、孔雀草、芥子油）	杀线虫
	天然酸（如食醋、木醋和竹醋等）	杀菌
	菇类蛋白多糖（菇类提取物）	杀菌
	水解蛋白质	引诱
	蜂蜡	保护嫁接和修剪伤口
	明胶	杀虫
	具有驱避作用的植物提取物（大蒜、薄荷、辣椒、花椒、薰衣草、柴胡、艾草的提取物）	驱避
	害虫天敌（如寄生蜂、瓢虫、草蛉等）	控制虫害
Ⅱ.微生物来源	真菌及真菌提取物（白僵菌、轮枝菌、木霉菌、耳霉菌、淡紫拟青霉、金龟子绿僵菌、寡雄腐霉菌等）	杀虫、杀菌、杀线虫
	细菌及细菌提取物（苏云金芽孢杆菌、枯草芽孢杆菌、蜡质芽孢杆菌、地衣芽孢杆菌、多黏类芽孢杆菌、荧光假单胞杆菌、短稳杆菌等）	杀虫、杀菌
	病毒及病毒提取物（核型多角体病毒、质型多角体病毒、颗粒体病毒等）	杀虫
	多杀霉素、乙基多杀菌素	杀虫
	春雷霉素、多抗霉素、井冈霉素、（硫酸）链霉素、嘧啶核苷类抗生素、宁南霉素、申嗪霉素和中生菌素	杀菌
	S-诱抗素	植物生长调节

续表5-1

类别	组分名称	备注
Ⅲ.生物化学产物	氨基寡糖素、低聚糖素、香菇多糖	防病
	几丁聚糖	防病、植物生长调节
	苄氨基嘌呤、超敏蛋白、赤霉酸、羟烯腺嘌呤、三十烷醇、乙烯利、吲哚丁酸、吲哚乙酸、芸苔素内酯	植物生长调节
Ⅳ.矿物来源	石硫合剂	杀菌、杀虫、杀螨
	铜盐（如波尔多液、氢氧化铜等）	杀菌，每年铜使用量不能超过6kg/hm^2
	氢氧化钙（石灰水）	杀菌、杀虫
	硫黄	杀菌、杀螨、驱避
	高锰酸钾	杀菌，仅用于果树
	碳酸氢钾	杀菌
	矿物油	杀虫、杀螨、杀菌
	氯化钙	仅用于治疗缺钙症
	硅藻土	杀虫
	黏土（如斑脱土、珍珠岩、蛭石、沸石等）	杀虫
	硅酸盐（硅酸钠，石英）	驱避
	硫酸铁（3价铁离子）	杀软体动物
Ⅴ.其他	氢氧化钙	杀菌
	二氧化碳	杀虫，用于贮存设施

续 表 5–1

类别	组分名称	备注
V.其他	过氧化物类和含氯类消毒剂（如过氧乙酸、二氧化氯、二氯异氰尿酸钠、三氯异氰尿酸等）	杀菌，用于土壤和培养基质消毒
	乙醇	杀菌
	海盐和盐水	杀菌，仅用于种子（如稻谷等）处理
	软皂（钾肥皂）	杀虫
	乙烯	催熟等
	石英砂	杀菌、杀螨、驱避
	昆虫性外激素	引诱，仅用于诱捕器和散发皿内
	磷酸氢二铵	引诱，只限用于诱捕器中使用

表5–2 A级绿色食品生产按照农药GB/T 8321的规定使用农药种类

农药种类	农药名称
杀虫剂	S–氰戊菊酯、吡丙醚、吡虫啉、吡蚜酮、丙溴磷、除虫脲、啶虫脒、毒死蜱、氟虫脲、氟啶虫酰胺、氟铃脲、高效氯氰菊酯、甲氨基阿维菌素苯甲酸盐、甲氰菊酯、抗蚜威、联苯菊酯、螺虫乙酯、氯虫苯甲酰胺、氯氟氰菊酯、氯菊酯、氯氰菊酯、灭蝇胺、灭幼脲、噻虫啉、噻虫嗪、噻嗪酮、辛硫磷、茚虫威

续表 5-2

农药种类	农药名称
杀螨剂	苯丁锡、喹螨醚、联苯肼酯、螺螨酯、噻螨酮、四螨嗪、乙螨唑、唑螨酯
杀软体动物剂	四聚乙醛
杀菌剂	吡唑醚菌酯、丙环唑、代森联、代森锰锌、代森锌、啶酰菌胺、啶氧菌酯、多菌灵、噁霉灵、噁霜灵、粉唑醇、氟吡菌胺、氟啶胺、氟环唑、氟菌唑、腐霉利、咯菌腈、甲基立枯磷、甲基硫菌灵、甲霜灵、腈苯唑、腈菌唑、精甲霜灵、克菌丹、醚菌酯、嘧菌酯、嘧霉胺、氰霜唑、噻菌灵、三乙膦酸铝、三唑醇、三唑酮、双炔酰菌胺、霜霉威、霜脲氰、萎锈灵、戊唑醇、烯酰吗啉、异菌脲、抑霉唑
熏蒸剂	棉隆、威百亩
除草剂	二甲四氯、氨氯吡啶酸、丙炔氟草胺、草铵膦、草甘膦、敌草隆、噁草酮、二甲戊灵二氯吡啶酸、二氯喹啉酸、氟唑磺隆、禾草丹、禾草敌、禾草灵、环嗪酮、磺草酮、甲草胺、精吡氟禾草灵、精喹禾灵、绿麦隆、氯氟吡氧乙酸（异辛酸）、氯氟吡氧乙酸异辛酯、麦草畏、咪唑喹啉酸、灭草松、氰氟草酯、炔草酯、乳氟禾草灵、噻吩磺隆、双氟磺草胺、甜菜安、甜菜宁、西玛津、烯草酮、烯禾啶、硝磺草酮、野麦畏、乙草胺、乙氧氟草醚、异丙甲草胺、异丙隆、莠灭净、唑草酮、仲丁灵、
植物生长调节剂	2，4-滴、矮壮素、多效唑、氯吡脲、萘乙酸、噻苯隆、烯效唑

表5-3 中药材种植禁用农药种类

种类	农药名称	禁用原因
有机氯杀虫剂	滴滴涕、六六六、林丹、艾氏剂、狄氏剂	高残毒
有机磷杀虫剂	甲拌磷、乙拌磷、久效磷、对硫磷、甲基对硫磷、甲基异柳磷、治螟磷、氧化乐果、磷胺、地虫硫磷、灭克磷(益收宝)、水胺硫磷、氯唑磷、硫线磷、杀扑磷、特丁硫磷、克线丹、苯线磷、甲基硫环磷	剧毒、高毒
有机磷杀菌剂	稻瘟净、稻净（异嗅米）	高毒
氨基甲酸杀虫剂	涕灭威、克百威、灭多威、丁硫克百威、丙硫克百威	高毒、剧毒、或代谢物高毒
二甲基甲醚类	杀虫螨剂、杀虫脒	慢性毒性、致癌
卤代烷类熏蒸杀虫剂	二溴乙烷、环氧乙烷、二溴氯丙烷、溴甲烷	致癌、胎儿致畸、高毒
卤代烷类熏蒸杀虫剂	阿维菌素	高毒
无机砷杀虫剂	砷酸钙、砷酸铅	高毒
有机砷杀虫剂	甲基砷酸锌(稻脚青)、甲基砷酸钙胂(稻宁)、甲基砷酸铁锌(田安)、福美甲砷、福美砷	高残毒
有机汞杀菌剂	氯化钙、氟化钠、氟乙酸钠、氟铝酸胺、氟硅酸钠	高残毒、剧毒
氟制剂	氟化钙、氟化钠、氯乙酸钠、氟铝酸胺、氟硅酸钠	剧毒、高毒易产生药害
有机氯	杀螨剂、三氯杀螨醇	我国产品中含滴滴涕
取代苯类杀菌剂	五氯硝基苯、稻瘟醇（五氯苯甲醇）	致癌、高残留

二、肥料使用准则

合理使用肥料是生产绿色食品的重要一环。为了确保中药材的质量，实施对生产中药材的肥料质量管理，肥料使用中按A级《绿色食品：肥料使用准则(NY/T 394-2013)》执行。

1. 肥料使用原则

持续发展原则。绿色食品生产中所使用的肥料应对环境无不良影响，有利于保护生态环境，保持或提高土壤肥力及土壤生物活性。

安全优质原则。绿色食品生产中应使用安全、优质的肥料产品。肥料的使用应对食品（味道、品质和植物抗性）不产生不良后果。

化肥减控原则。在保障植物营养有效供给的基础上减少化肥用量，兼顾元素之间的比例平衡，无机氮素用量不得高于当季作物需求量的一半。

有机为主原则。绿色食品生产过程中肥料种类的选取应以农家肥料、有机肥料、微生物肥料为主，化学肥料为辅。

2. 可使用的肥料种类

A级绿色食品生产可使用的肥料种类除农家肥料、有机肥料和微生物肥料规定的肥料外，还可使用有机-无机复混肥料、无机肥料和土壤调理剂规定的肥料。

3. 不应使用的肥料种类

绿色优质中药材生产中不应使用的肥料包括添加有稀土元素的肥料，成分不明确的、含有安全隐患成分的肥料，未经发酵腐熟的人畜粪尿，生活垃圾、污泥和含有害物质（如毒气、病原微生物、重金属等）的工业垃圾，转基因品种（产品）及其副产品为原料生产的肥料，以及国家法律法规规定不得使用的肥料。

4. A级绿色食品肥料使用规定

（1）应选用AA级绿色食品生产可使用的肥料种类所列的肥料种类。

（2）农家肥料的使用按AA级绿色食品生产规定执行。耕作制度允许情况下，宜利用秸秆和绿肥，按照约25∶1的比例补充化学氮素。厩肥、堆肥、沤肥、沼肥、饼肥等农家肥料应完全腐熟，肥料的重金属限量指标应符合NY 525要求。

（3）有机肥料的使用按AA级绿色食品生产规定执行。可配施A级绿色食品生产可使用的肥料种类所列其他肥料。如尿素、磷酸二铵等，但禁止使用硝态氮肥。

（4）微生物肥料的使用按AA级绿色食品生产规定执行。可配施A级绿色食品生产可使用的肥料种类所列其他肥料。

（5）有机-无机复混肥料、无机肥料在绿色AA级绿色食品生产中作为辅助肥料使用，用来补充农家肥料、有机肥料、微生物肥料所含养分的不足。减控化肥用量，其中无机氮素用量按当地同种作物习惯施肥用量减半使用。

（6）根据土壤障碍因素，可选用土壤调理剂改良土壤。

表5-4 A级绿色食品生产可使用的肥料种类

肥料名称		备 注
农家肥料	（1）堆肥	以各类秸秆、落叶、人畜粪便为原料与少量泥土混合而成的一种有机肥料
	（2）沤肥	所用物料与堆肥基本相同，只是在淹水条件下（嫌气性）进行发酵而成
	（3）厩肥	系指猪、牛、马、羊、鸭等畜禽的粪尿与秸秆垫料堆制成的肥料
	（4）沼气肥	在密封的沼气池中有机物在嫌气条件下腐解产生沼气后的副产品
	（5）绿肥	利用栽培或野生的绿色植物体作肥料主要分为豆科和非豆科两大类豆科有绿豆、蚕豆、草木樨等。非豆科绿肥最常用的有禾本科如黑麦草，十字花科如肥田萝卜等
	（6）作物秸秆	作物秸秆含有相当数量的营养元素（N、P、K、Ca、S等）在适宜的条件下通过土壤微生物的作用矿化后再回到土壤中为作物吸收利用
	（7）泥肥	未经污染的河泥、塘泥、沟泥、港泥、湖泥等
	（8）饼肥	菜籽饼、棉籽饼、豆饼、芝麻饼、花生饼、蓖麻饼、茶籽饼等
商品肥料	（1）商品有机肥料	指以大量生物物质、动植物残体、排泄物、生物废物等物质为原料等加工制成的商品肥料
	（2）腐殖酸类肥料	指泥炭(草炭)、褐煤、风化煤等含有腐殖酸类物质的肥料

续 表5–4

肥料名称		备 注
商品肥料	（3）微生物肥料	指用特定微生物菌种培养生产具有活性的微生物制剂，通过特定微生物的生命活动能改善植物的营养或产生植物生长激素促进植物生长
	（4）半有机肥料（有机复合肥）	由有机和无机物质混合或化合制成的肥料。经无害化处理后的畜禽粪便加入适量的锌、锰、硼、钼等微量元素制成的肥料
	（5）无机（矿质）肥	矿质经物理或化学工业方式制成养分呈无机盐形式的肥料。矿物钾肥和硫酸钾，矿物磷肥（磷矿粉），煅烧磷酸盐（钙镁磷肥、脱氟磷肥），石灰石，限在酸性土壤使用，粉状硫肥，限在碱性土壤使用
	（6）叶面肥料	是指喷施于植物叶片并能被其吸收利用的肥料叶面肥料中不得含有化学合成的生长调节剂。微量元素肥料是以Cu、Fe、Mn、Zn、H、Mo等微量元素及有益元素为主配制的肥料。植物生长辅助物质肥料是用天然有机肥提取液或接种有益菌类的发酵液再配加一些腐殖酸、藻酸、氨基酸、维生素、糖等配制的肥料
其他肥料		包括不含合成添加剂的食品、纺织工业的有机副产品
		包括不含防腐剂的鱼渣、牛羊毛废料、骨粉、氨基酸残渣、骨胶废渣等

三、病虫害防治

1. 主要病害

（1）叶斑病

症状：发病初期由茎秆基部的叶片开始，叶面出现褐色斑点，后病斑扩大呈椭圆形或不规则形，大小1cm左右，中间淡白色，边缘褐色，靠健康组织处有明显黄晕，病斑形似眼状。病情严重时，多个病斑愈合引起叶枯死，并可逐渐向上蔓延，最后全株叶片枯死脱落。该病病原*Alternaria* sp.为一种交链孢菌。

该病一般多发生于夏秋两季，雨季发病较严重。一般6～7月降雨量多，温度较高，植株叶上出现病斑，先在植株基部叶上始发生，并逐渐上移，到7月底发病已较严重，出现整株枯死现象。8~9月伴随着多种其他原因导致的田间植株死亡，发病达到顶峰。10~11月，发病植株数量将有所减少。高温、高湿是叶斑病发生的主要原因。

防治方法：①农业防治：冬季滇黄精倒苗后，及时清除植株地上部分枯枝，将枯枝病残体集中烧毁，消灭越冬病源。②药剂防治：雨季来临，发病前和发病初

图5-1 叶斑病

期喷10%苯醚甲环唑水分散颗粒剂1500倍液，或50%退菌灵可湿性粉剂1000倍液，每7～10天喷1次，连续喷施3～4次。发病后可喷洒50%甲基托布津可湿性粉剂600倍液，或40%百菌清悬浮剂500倍液、25%苯菌灵·环己锌乳油800倍液、50%甲基硫菌灵·硫黄悬浮剂800倍液、50%利得可湿性粉剂1000倍液。间隔5～7天1次，连续防治3～4次。

（2）黑斑病

症状：主要发生于滇黄精植株的叶片和茎秆上。叶片染病后产生暗褐色圆形或近圆形或不规则的病斑，四周具锈褐色轮纹状宽边，病斑在空气湿度大时呈水渍状，病斑干燥后易破裂，条件适宜时，病斑扩散迅速，有时数个病斑相互融合，使得叶片干枯；茎部染病病斑呈黄褐色椭圆形，逐渐向下或向上扩展。然后病斑中间凹陷变黑，病斑表面长出黑霉。严重时病斑凹入茎内组织，导致茎秆折倒。该病的病原菌为链格孢菌属的一

图5-2 黑斑病

种。该病发病时间为6～8月最为严重，应当提前预防。

防治方法：冬季滇黄精倒苗后，及时清除植株地上部分枯枝，将枯枝病残体集中烧毁，消灭越冬病源。休眠期喷洒1%硫酸铜溶液杀死病残体上的越冬菌源。发病初期用50%退菌特1000倍液喷雾防治，每隔7~10天喷药1次，连续喷2~3次。

（3）根腐病

症状：此病主要侵染根部，发病初期根部产生水渍状褐色坏死斑，严重时整个根内部腐烂，仅残留纤维状维管束，病部呈褐色或红褐色。湿度大时，根茎表面产生白色或黄色霉层（即为分生孢子）。由于根部腐烂病株易从土中拔起。发病植株随病害发展，地上部生长不良，叶片由外向里逐渐变黄，最后整株枯死。根腐病主

（植株）

（块茎）

图5–3 滇黄精根腐病

要发生在田间湿度大、积水、土壤板结、覆盖太厚、根部肥害、根茎有创伤或根系线虫、地下害虫为害等条件下易发病，高温、高湿有利病菌生长。该病从苗期至生长中后期均可发生，一般7～9月为发病高峰期。冬季土壤湿度过大，也会发生。

防治方法：选择避风向阳的坡地栽培，并开沟理墒，以利排水和降低地下水位。播种或移栽时用草木灰拌种苗，初发病时选用75%百菌清600倍液、25%甲霜灵锰锌600倍液、70%代森锰锌600倍液、64%杀毒矾600倍液、80%多菌灵500倍液等药液浇根。7～10天浇施1次，防控2~3次。也可选用50%多菌灵可湿性粉剂600 倍液+58%甲霜灵锰锌可湿性粉剂600倍液混合后浇淋根部。若发现线虫或地下害虫为害，选用10%克线磷颗粒剂沟施、穴施和撒施，2 ～3kg/亩；或50%辛硫磷乳油800倍液浇淋根部。

（4）炭疽病

症状：主要为害滇黄精叶片和茎秆，该病在叶片上、叶尖或叶缘产生圆形、半圆形、椭圆形或不规则形状的病斑，病斑直径为0.5~2.0cm，多数为1cm左右。病斑初期褪绿，后期整个病斑中央变成黄白色，病斑外围呈黄褐色，湿度大时，病斑扩展迅速，严重时造成叶片大量枯死。茎部受害后形成褐色稍凹陷的病斑，其上常生大量黑色小点，后期茎秆枯死。该病的病原菌为 *Colletoruchum circinans*（Berk），滇黄精的炭疽病主要

图5-4 滇黄精炭疽病

发生在秋冬季节。

防治措施：①加强栽培管理，增施生物有机肥，做好防冻、防旱、防涝和其他病虫的防治，增强植株的抗性能力；②冬季清除枯枝落叶，并集中烧毁，减少病源；③药剂防治。在春、夏黄精出苗初期喷施化学药剂，15～20天1次，连续3～4次，药剂可选用30%悬浮剂戊唑·多菌灵龙灯福连1000～1200倍液或70%默赛甲基硫菌灵1000倍液；或F500百泰2000倍液。

（5）褐斑病

症状：该病由半知菌亚门真菌尾孢属引起的病害，主要为害滇黄精叶片，一般从叶缘或叶尖开始发病，发病初期为圆形或椭圆形，紫褐色，后期为黑色，直径为5～10mm，界线分明，严重时病斑可连成片，使叶片枯黄脱落，该病全年都可发生，但以高温、高湿的多雨炎热夏季为害最重。单株受害叶片、茎秆或根部，出现梭形、长条形、不规则形病斑，病斑内部青灰色水浸状，

图5-5 滇黄精褐斑病

边缘红褐色，以后病斑变成黑褐色，腐烂死亡。

防治措施：①加强栽培管理，移栽时注意土壤消毒，杀死潜伏病菌，种植不宜过密，要注意通风透光，注意排水。②发现病叶要立即摘除并销毁，以防扩散感染。③发病初期用1∶1∶300波尔多液（硫酸铜∶爆石灰∶水）或80%代森锌可湿性粉剂600倍液，50%多菌灵可湿性粉800倍液，70%甲基托布津可湿性粉1000倍液，32%乙蒜素酮乳剂及30%菌无菌（乙蒜素）乳剂1500倍液喷洒，7～10天1次，连喷2～3次。④发病严重时，应喷药防治，可以喷施1%的波尔多液，或75%的百菌灵可湿性粉剂600~800倍释液，或可喷洒65%可湿性代森锌粉剂500~600倍液，或50%代森铵200倍释液，或托布津200倍稀释液，连续喷施3~4次。

（6）茎腐病

症状：受害滇黄精植株由下部叶片向上逐渐扩展，

图5-6 滇黄精茎腐病

呈现青枯症状，最后全株显症，很容易与健株区别。病株茎基部较软，内部空松。遇风易倒折。株根系明显发育不良，根少而短，变黑腐烂。剖茎检查，髓部空松，根、茎基和髓部可见到红色病症。茎腐病发生于雨后高温天气，主要发生在夏秋季节。

防治措施：冬春季要清除枯枝、病叶集中烧毁，减少病源的越冬基数，发现病株及时清除；苗床地要高畦深沟，以利雨后能及时排水；注意通风透气，雨后及时排水，保持适当温、湿度；中耕除草不要碰伤根茎部，以免病菌从伤口侵入。发病初期选用58%瑞毒霉500倍液、72%甲霜灵锰锌600倍液、75%百菌清600倍液、80%代森锰锌500倍液、68.75%银法利（氟菌·霜霉威）2000倍液等其中一种药液喷施植株，每7～10天喷淋1次，连续防治3次。

（7）病毒病

症状：主要为害滇黄精叶片，主要表现为浓绿、淡

图5–7 滇黄精病毒病

绿相间的花斑，严重时叶片上有泡状斑和皱缩，叶面凸凹不平，植株高度受到影响。病毒病主要发生在高温、干旱、阳光强度强的春末夏初及秋末季节。

防治措施：①采用轮作套种不同作物可以减少病原积累，防止病害严重发生。②加强田间栽培管理，提高植物抗病毒病的能力，铲除田间地头杂草，拔除病株以除掉毒源，及时治虫防病，也能减轻病害。③施肥要以天然有机肥为主，用生物发酵好的肥料，厌氧菌或放线菌类有益防腐微生物为最好，养根壮根，在提高产量的同时提高其抗病毒能力。

（8）枯萎病

症状：该病多在叶与花上开始发生，感病症状为中间棕色周边发黄的斑点，从正常到被感染过程中的组

图5-8 滇黄精枯萎病叶部初期病斑

图5-9 枯萎病植株

织可见水渍状斑点。枯萎病的传播和造成为害的速度很快，侵染对象以叶片为主，当感染程度加大成为系统性侵害时，则会杀死整个植株。

防治措施：①种子种苗消毒，培育无毒健康种苗。②土壤消毒，对种植滇黄精的地块用0.008～2mg/L的氯化苦消毒。③药液灌治：在零星发病田块，用12.5%治萎灵水剂200～300倍液浇灌病苗，每株10～20mL，可以减轻发病或恢复生长，尤其是轻病株，效果良好。

（9）灰霉病

症状：由灰葡萄孢菌侵染引起。主要侵染叶片、茎干和花蕾，发病初期水渍状斑块，病部逐渐扩大，后期病部产生灰色霉层。病菌在土壤或病残体上越冬及存活。借雨、风、浇水农事活动等传播。一般在6月底至倒苗前均可发病，7~8月为发病高峰期。高湿条件、植株茂密、栽培空间郁闭、通风不畅条件下发病突出。

防治措施：及时清除、销毁病残体；加强管理，注意排水和降低湿度，增施有机肥，通风透光，提高滇黄精抗病力；注意雨前重点预防和控病。发病初期选用40%明迪（氟啶胺+异菌脲）3000倍液、40%嘧霉胺1000倍液、50%啶酰菌胺1200倍液、50%速克灵2000倍液等药液喷施、喷淋植株。

图5-10 灰霉病植株

2. 滇黄精的主要虫害

滇黄精的主要虫害有蚜虫、螨虫、地老虎、蝼蛄、铜绿丽金龟、蛴螬等。

（1）蚜虫

为害：为害滇黄精的蚜虫主要以桃蚜和棉蚜为主，春末夏初，气温迅速上升，雨水还没有降下，当春季作物如十字花科、禾本科植物采收后，叶、芽就转移到其他作物上，此时滇黄精刚长出，嫩叶和花是蚜虫喜欢为害的部位，以成虫、若虫吮吸嫩叶的汁液，使叶片变黄，植株生长受阻。蚜虫又是传播病毒的媒介，传播病毒的为害比直接为害的损失更重，当蚜虫大量繁殖会导致植物顶部的叶和花大量脱落，严重时植株会死亡，造成减产。

防治方法：①采用黏虫黄板诱杀蚜虫，在地边或大棚里设置黄色板，方法是用塑料薄膜，涂成金黄色，再涂一层凡士林或机油，张架在高出地面0.5m处，可以大量诱杀有翅蚜。②采用银灰色塑料条避蚜虫，蚜虫对银灰色有较强的趋避性，可在园内挂银灰色塑料条或铺银灰色地膜驱避蚜虫。此法对蚜虫迁飞传染病毒有较好的效果。③根据蚜虫在高温干旱时节容易发生的特点，注意搞好喷水抗旱；在滇黄精地及周围做好冬季的除草和翻地，清洁田间，不能在滇黄精地周围保留蚜虫过冬的十字花科的蔬菜和植物。尽早控制在点片发生阶段，选用吡虫啉、啶虫脒和苦参碱等按使用说明书用量防控。

（2）螨虫

为害：螨虫主要为害时间为春末夏初，主要在滇黄精的叶背面、茎、嫩尖处群集，以刺吸式口器吸食植物的汁液。被为害叶片背面呈黄褐色至红褐色，正面灰色，叶片变硬、变脆、失绿，使叶片光合作用受到影响，严重时叶片大量脱落，植株枯死。

防治措施：①冬春季要清除枯枝，消灭过冬虫卵。②进行轮作。③可用15%哒螨酮乳油300倍液，或34%螨虫立克乳油2000 ~ 2500倍液，或48%乐斯本1000倍液，或1.8%的阿维菌素（齐螨素、新科等）3000倍液，或15%哒螨灵乳油1500倍液、或73%克螨特乳油2000倍液，或15%扫螨净乳油2000倍液，或35%杀螨特乳油1000倍液等药剂进行防治。

（3）地老虎

为害：地老虎是一种典型的杂食性害虫，1~2龄幼虫喜食滇黄精心叶或嫩叶，咬成针状小洞；3龄后幼虫可咬断滇黄精嫩茎；4龄以后进入暴食阶段，是为害盛期。3龄前幼虫昼夜活动，3龄后幼虫白天潜伏在滇黄精根部附近土中，晚上或阴雨天气出土活动。为害时期主要为3~5月份。它们白天潜入土中，晚上出来啃食滇黄精的幼根嫩茎，造成缺苗。

防治措施：①在地老虎成虫交配期间用黑光灯或带有发酵气味的物质来诱杀成虫，减少幼虫数量。②加强田间管理，及时清除杂草，并进行人工除虫。③配制毒饵，在行间或株间撒施毒饵。可用麦麸毒饵（麦麸20～25kg，压碎、过筛成粉状，炒香后均匀拌入40%辛硫磷乳油0.5千克，农药可用清水稀释后喷入搅拌，以麦麸粉湿润为好，然后按每亩用量4～5kg成小堆撒入幼苗周围）和油渣毒饵（把油渣炒香后用甲基异柳磷拌匀），撒在幼苗周围可以诱杀地老虎，蝼蛄等多种地下害虫。④在地老虎1～3龄幼虫期，按每亩用2.5%敌杀死乳油30～40mL，加水45kg于日落后对农作物的幼苗作常规喷洒，茎叶都要喷湿。地老虎出来觅食，就能使其中毒致死，如对整块地全面喷洒，效果更佳。

（4）蛴螬

为害：蛴螬主要为暗黑鳃金龟、铜绿丽金龟、棕色鳃金龟、黄褐丽金龟等的幼虫，蛴螬一到两年1代，幼虫和成虫在土中越冬，春秋两季为害最重，蛴螬咬食幼苗嫩茎，滇黄精块根被钻成孔眼，当植株枯黄而死时，它又转移到别的植株继续为害。此外，因蛴螬造成的伤口还可诱发病害。

防治措施：①实行轮作，不施未腐熟的有机肥料；精耕细作，发现虫卵和幼虫及时处死。②用50%辛硫磷乳油每亩200～250g，加水10倍喷于25～30kg细沙上拌匀制成毒沙，顺墒面撒施，随即浅锄；用2%甲基异柳磷粉每亩2～3kg拌细沙25～30kg制成毒沙；用3%甲基异柳磷颗粒剂、3%呋喃丹颗粒剂、5%辛硫磷颗粒剂或5%地亚农颗粒剂，每亩2.5～3kg处理土壤。③滇黄精种苗种植时可以适当拌上辛硫磷、敌百虫等粉剂。④每亩地用25%对硫磷或辛硫磷胶囊剂150～200g拌麦麸或油枯等饵料5kg，或50%对硫磷、50%辛硫磷乳油50～100g拌饵料3～4kg，撒于种沟中，亦可收到良好防治效果。⑤可设置黑光灯诱杀成虫，减少蛴螬的发生数量。

（5）蝼蛄

为害：蝼蛄主要为害滇黄精的根部，蝼蛄以蚯蚓和昆虫的幼虫为食，常在滇黄精地下挖土打洞，从而为害滇黄精的根和块茎，使根和块茎造成伤口，诱发病害。

防治方法：①灯光诱杀：蝼蛄发生为害期，在田边或村庄利用黑光灯、白炽灯诱杀成虫，以减少田间虫口密度。②人工捕杀：结合田间操作，对新拱起的蝼蛄隧道，采用人工挖洞捕杀虫、卵。③每亩地用90%敌百虫晶体用水溶化拌麦麸或油枯等饵料（100～200倍），于傍晚时撒在已出苗的菜地或苗床的表土上，或随播种、移栽定植时撒于播种沟或定植穴内。④当滇黄精地蝼蛄发生危害严重时，每亩用3%辛硫磷颗粒剂1.5～2kg，对细土15～30kg混匀撒于地表。

黄精的病虫害防治是一个较大课题，规模化种植生产中病害一直是影响黄精产量的重要因素，各种植企业与种植专业户应结合自己生产实际情况，积极预防，出现病害苗头时就要及时采取相应措施，保障植物健康生长，增加产量，提高黄精种植的经济效益。

第六章　采收及加工

一、采收

综合滇黄精产量和药用成分含量两方面因素，在移栽后第3～4年采收最佳，采收时间为11月至翌年1月。

采挖前将地上枯萎的植物及杂草清除，集中运出种植地，采挖时可以根据茎痕判断地下根茎的位置，从地的一头开始挖，挖的深度应深于20cm，小心挖出滇黄精的根茎剥离泥土，尽量避免损伤根茎，保证根茎的完好

图6-1 滇黄精采收

无损，小心放入清洁的竹筐或塑料框中。带顶芽部分切下留作种苗，其余部分洗净干燥。

二、初加工

鲜黄精药材采收以后不宜长期存放，应及时蒸煮灭活植物细胞，抑制细胞内酶类的活动，减少有效成分的分解。按照商品要求进行切片，然后按整块或片干燥处理，干燥时采用现代干燥技术与干燥设备，生产加工环境要达到要求才能使药材外观性状或质量、规格符合需求方的要求，并有利于保持或提高药用成分指标，便于贮藏和运输，否则容易抽茎变空或发生霉烂，降低其品质。最早的方法是“凡来得以溪水洗净后以己至子，刀切薄片，曝干用”（《雷公炮制论》）；唐代《千金翼方》记载为“重蒸法”，即“九月末挖取根，拣肥大者来日熟蒸，微曝干以蒸，待再曝干，食之如蜜，即可停”；在《食疗本草》记载“九蒸九曝”的加工方法。目前，云南有些企业利用自己种植生产鲜黄精直接

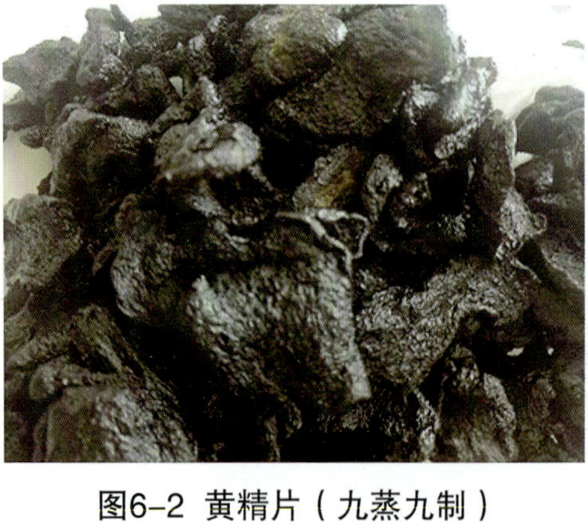

图6-2 黄精片（九蒸九制）

加工制成炙黄精，用于康复、保健、养身等方面。

三、质量规格

1. 滇黄精根茎

滇黄精向来以体粗壮、结节肥厚、质硬而韧、不易折断、色泽黄色至黄棕色、身干无杂、无须根、无霉变者为佳。《中国药典（2015年版）》规定：水分不得超过18.0%。总灰分不得超过4.0%。按照醇溶性浸出物测定法不得少于 45. 0% 。本品按干燥品计算，含黄精多糖以无水葡萄糖($C_6H_{12}O_6$)计，不得少于 7.0% 。

表6-1 滇黄精商品规格等级划分表

《中药材商品规格等级 黄精》中华中医药学会团体标准行业征求意见稿

<table>
<tr><th rowspan="2">基源</th><th rowspan="2">等级</th><th colspan="2">性状描述</th></tr>
<tr><th>共同点</th><th>区别点</th></tr>
<tr><td rowspan="4">滇黄精</td><td>一等</td><td rowspan="3">干货。呈肥厚肉质的结节块状，表面淡黄色至黄棕色，具环节，有皱纹及须根痕，结节上侧茎痕呈圆盘状，圆周凹入，中部突出，质硬而韧，不易折断，断面角质，淡黄色至棕黄色。气微，味甜，嚼之有黏性。无杂质、虫蛀、霉变</td><td>每千克药材所含个子数量在25头以内</td></tr>
<tr><td>二等</td><td>每千克药材所含个子数量在80头以内</td></tr>
<tr><td>三等</td><td>每千克药材所含个子数量多于80头</td></tr>
<tr><td>统货</td><td colspan="2">干货。结节呈肥厚肉质块状。不分大小。无杂质、虫蛀、霉变</td></tr>
</table>

图6-3 黄精（二等个子）

图6-4 鲜黄精片（一等个子片）

2.黄精片的等级划分

目前，黄精片市场主要分为黄精片选货和黄精片统货两种。以所有药材商品均为大片，色泽黄色或浅黄褐色、无杂质、虫蛀、无霉变者为选货（图6-5）；以大小不一，色泽黄色或浅黄褐色、无杂质、虫蛀、无霉变者为统货（图6-6）。此外，黄精片还可以分为当年货（图6-7）或陈年货（图6-8）。

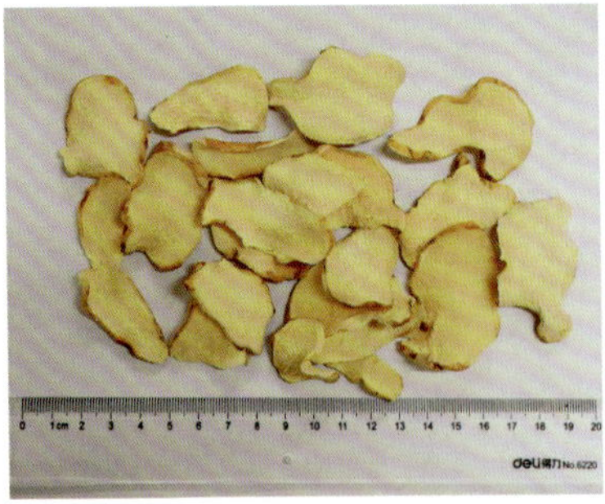

图6-5 滇黄精片（选货）

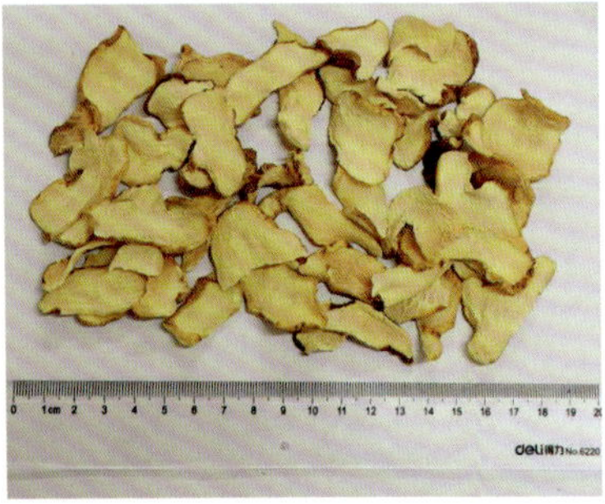

图6-6 滇黄精片（统货）

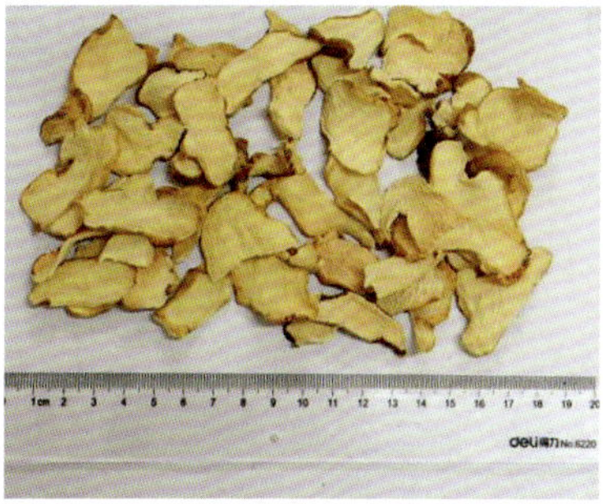

图6-7　滇黄精片（当年货）

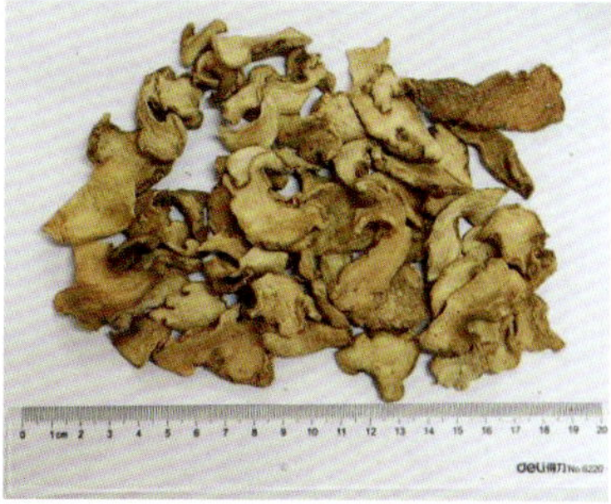

图6-8　滇黄精片（陈年货）

四、包装、贮藏、运输

1. 包装

黄精富含多糖，在贮藏过程中容易回潮、虫蛀和霉变，为了防止黄精药材发霉、变质，可采用白色无字新编织袋中、牛皮凝膜纸、铝箔/聚乙烯塑料复合膜作为包装材料。黄精在包装前应仔细检查是否已充分干燥，并清除杂质和异物。将全干燥的黄精装入洁净的聚乙烯塑料膜、牛皮凝膜纸、铝箔/聚乙烯塑料复合膜袋中，内衬防潮纸（本品极易吸潮），每件可包装20kg、25kg或50kg，并附合格证、装箱单和出货日期，然后打包成件。

2. 贮藏

采用密封的塑料袋比较好，能有效地控制其安全水分（<18%），主要针对黄精易吸潮的特点进行贮藏，同时可将密封塑料袋装好的药材放入密封木箱或铁桶内，

防虫防鼠。要定时检查，防止霉变、鼠害、虫害，注意定期检查。

3. 运输

黄精的运输应遵循及时、准确、安全、经济的原则。将固定的运输工具清洗干净，将成件的商品黄精捆绑好，遮盖严密，及时运往贮藏地点，不得雨淋、日晒、长时间滞留在外，不得与其他有毒、有害物质混装，避免污染。

第七章　应用价值

一、药用价值

黄精是我国的传统常用中药，肉质根茎入药。始载于晋代《名医别录》，列为上品，之后历代医药典籍对其都有记载。医学认为：黄精性平、味甘，归经于脾、肺、肾经。具有补气养阴，健脾，润肺，益肾的功效，主要用于脾胃气虚，体倦乏力，胃阴不足，口干食少，肺虚燥咳，劳嗽咳血，精血不足，腰膝酸软，须发早白，内热消渴等症状。临床应用于肺结核，肺虚咳嗽，低血压症，血虚症见的大便干燥，头晕眼花，血虚体弱、面色无华，肾虚腰痛，病后体虚，须发早白，动脉粥样硬化、脂肪肝，学生近视眼等等。据不完全统计，以黄精为原料的中成药有150余种，保健品200余种，是稳心颗粒、黄精赞育胶囊、当归黄精膏等中成药的主要成分。并且黄精具有较好的治疗与保健功能，具有极好的应用开发前景。

20世纪 60 年代开始，国内外学者对黄精的化学成分进行了广泛研究，发现了黄精含黄精多糖、黄精低聚糖、甾体皂苷、三萜、生物碱、木脂素、甾体皂苷、黄酮、挥发油、蒽醌类、氨基酸和人类必需微量元素等，其中黄精多糖和甾体皂苷类成分含量较大，《中国药典（2015年版）》规定黄精多糖不得少于7%，将其作为黄精药材的药效含量成分指标。

现代药理学研究发现，黄精多糖在抗衰老、调节免疫力方面具有明显作用；在调节血糖方面，黄精多糖对正常小鼠血糖水平无明显影响，但可显著降低肾上腺素诱发的高血糖小鼠的血糖值，同时降低肾上腺素模型小鼠肝脏中环磷酸腺苷的含量，在降低血糖作用时，不改变血清胰岛素水平。黄精甲醇提取物还有抑制肾上腺素诱发高血糖小鼠血糖的作用；在调血脂、改善记忆力方面，黄精总皂苷和黄精多糖具有明显改善模型小鼠的学习记忆能力。黄芳等以黄精多糖对老龄大鼠连续灌胃，能明显改善老龄大鼠的学习记忆及记忆再现能力。赵小贞等给血管性痴呆模型大鼠灌喂黄精口服液，能改善血管性痴呆模型大鼠的学习记忆能力；在抗肿瘤方面也 显示较好的活性，黄精中的薯蓣皂苷、甲基原薯蓣皂苷和黄精多糖在体外对肿瘤细胞具有抑制和抗肿瘤的作用。实验结果表明，薯蓣皂苷具有显著抑制人白血病HL_{260}细胞、宫颈癌Hela细胞、乳腺癌MDA_2MB_{2435}细胞及肺癌H_{14}细胞增殖的作用，并具有良好的剂量依赖关系。此外，黄精多糖对H_{22}实体瘤、S_{180}腹水瘤具有抑制作用黄精煎液（1∶30）对金黄色葡萄球菌、伤寒杆菌、结核杆菌、耐酸杆菌等有抑制作用。实验性结核豚鼠每日1g/kg剂量，60天后，主要脏器病变较轻，肺部结节数量减少。黄精溶液（2.55g/kg）灌喂小鼠还能明显提高小鼠耐缺氧能力。

二、经济价值与食用价值

1.药食两用

黄精又被称为老虎姜、仙人饭，雅号“余仙粮”。据说，古代道家居住在大山里，每年得道的大师都要闭关修炼几个月，闭关期间徒弟们就给师父送黄精和泉水，不送五谷杂粮与肉类，但出关后大师们都精神抖擞，面色红润，认为是食用黄精的神奇效果，并且得到中医药家和道家的推崇。黄精自古就作为延年益寿、强精健体的滋补药品。如《本草纲目》就记载：“黄精补诸虚，填精髓，平补气血而润。”明代的《滇南本草》中为鹿竹，又名一名兔竹。味甘，性平，无毒。根如嫩生姜色，俗呼生姜，药名黄精，洗净，九蒸九晒，服之甘美。俗亦能救荒，故名救穷草。主补中益气，除风湿，安五脏。久服轻身延年。治五劳七伤。助筋骨、耐寒暑、益脾胃、开心肺。能辟谷、补虚、添精，服之效矣。现代医学认为：黄精性平，味甘，归脾、肺、肾经。黄精的功效主要是滋肾润肺，补脾益气，主治脾胃虚弱，体倦乏力，口干食少，内热消渴，肺虚燥咳，劳嗽久咳，肾虚头晕，腰膝酸软，须发早白等症。一般建议使用蒸黄精或酒黄精，生黄精功效难以发挥，故一般不宜直接入药。

黄精一直被国家列入药食两用品种名录，据统计市场上80%以上的黄精是被作为保健品食用，只有20%左右作为药用，说明黄精的强大保健功效。黄精煮熟或者做成食疗药膳吃效果更好。具体来说可以与鸭肉、海参等肉类，或者是粳米等五谷杂粮一类食材一起搭配做成食疗，比如做成黄精百合蒸子鸭、黄精粳米粥、黄精蒸海参、黄精炖瘦肉、黄精当归鸡蛋汤、黄精炖冰糖、黄精糯米粥、黄精莲子薏仁粥、黄精蜜饯、油炸黄精片、黄精米酒等都是黄精的补益食品和保健食品，都可以起到极为显著的食补作用，也是老年人较理想的补养之品，无大补温燥之品可能带来的副作用。而且，黄精还具有降血压及降血糖作用，可以增加冠状动脉血流量，起到降低血脂和延缓动脉粥样硬化等作用。黄精粥适用于阴虚肺燥，咳嗽咽干，脾胃虚弱，黄精蒸鸡则对冬季体倦乏力，腰膝酸软，怕冷等甚有疗效。

2.几种使用方法

（1）用于阴虚肺燥，干咳少痰及肺肾阴虚的劳嗽久咳等。能滋肾阴，润肺燥。治阴虚肺燥咳嗽，可单用熬膏服，或配川贝母、知母等同用；治劳嗽久咳，可配地黄、天冬、百部等同用。

（2）用于脾胃虚弱等。黄精既补脾阴，又益脾气。若脾胃气虚而倦怠乏力，食欲不振，脉象虚软者，可与党参、白术等同用；如脾胃阴虚而致口干食少，饮食无味，舌红无苔者，可与石斛、麦冬、山药等同用。

（3）用于肾虚精亏的头晕，腰膝酸软，须发早白及消渴等。治肾虚精亏，常配枸杞子等同用；治消渴，常配生地黄、麦冬、天花粉等同用。

（4）老年人较理想的补养之品。因为老年人（特别是秋冬季）不仅阳气较弱，而且阴气多有不足。黄精其性平和，作用缓慢，可作久服滋补之品，既有补脾气，兼补脾阴，又有润肺生津，益肾补精的作用。如黄精炖瘦肉汤就是一味简单补益的食疗汤方。做法：黄精、党参和怀山药洗净，猪瘦肉切大块，汆水捞起，煮沸清水倒入炖盅，放入所有材料，隔水炖两个小时，下盐调味即可食用。具有补脾益气，养肺润燥，延年益寿的作用。

（5）补脾胃，益气血：牛肉半斤，黄精三两，胡桃肉二两，生姜四片。牛肉洗净后切成块，黄精、胡桃肉洗净，生姜切片；牛肉性平，味甘，有补脾胃，益气血，强筋骨，消肿，利水功效。主治虚损，腰膝酸软，脾胃虚弱而导致的水肿，气血不足以及精血亏损等病症。在本方中有和胃去膻的作用，以上诸物合用，可起到补虚润肠，补益脾肾，通大便的功效。全部用料一起放入锅内，加清水适量，大火煮沸后，转小火煮一两个小时，调味后即可食用。

（6）美容养颜价值：黄精含有多种天然美容活性成分，具有抗衰老、防辐射、抗炎、抗菌、生发、乌发、固齿等功能，以此开发成纯天然的中草药保健化妆品、沐浴露、洗发香波、护发素、乌发宝、脚气露、面膜、药膏、搽剂等，前景广阔。

（7）观赏价值：黄精耐阴性好，叶形修长，春夏之际开红色小花，果实由绿色渐至黄色、橙色，是林下栽植的观赏佳品，也是制作盆栽的良好材料。